SANDRA PREIS UND MARK FLATO • RIFFAQUARIEN-FIBEL

Sandra Preis und Mark Flato

Riffaquarien-Fibel

Praxisbeispiele für Einsteiger

20 bis 80 Liter

Dähne Verlag

Fotonachweis:
Alle Fotos, außer den besonders gekennzeichneten, sind von den Autoren.

Bibliografische Information der Deutschen Nationalbibliothek

Die Deutsche Nationalbibliothek verzeichnet diese Publikation in der
Deutschen Nationalbibliografie; detaillierte bibliografische Daten sind
im Internet über http://dnb.dnb.de abrufbar.

ISBN 978-3-944821-35-1
© 2018 Dähne Verlag GmbH, Postfach 10 02 50, 76256 Ettlingen

Druck: Grafisches Centrum Cuno GmbH & Co. KG
Printed in Germany

Inhalt

Vorwort

Durch die gemeinsame Begeisterung für die Meerwasseraquaristik haben wir uns vor fünf Jahren kennengelernt und schnell war klar, dass wir versuchen wollen, in Zukunft auf verschiedenen Ebenen zusammenzuarbeiten.

Eines unserer ersten Projekte war der Nano-Frag-Tank, ein spezielles Aquarium für Korallennachzuchten. Später haben wir viele informative Videos gedreht, die besonders den Anfänger in der Meerwasseraquaristik für das Hobby begeistern sollen.

Und genau das möchten wir auch mit dieser Fibel erreichen. Wir zeigen die wichtigsten Grundlagen und ersten Schritte zum funktionierenden Meerwasseraquarium. An drei Musteraquarien verschiedener Größe und bestückt mit unterschiedlichen Korallengruppen, haben wir Aufbau und Einrichtung dokumentiert und erläutert, die entstandenen Kosten festgehalten und mit vielen Bilderstrecken sowie Tipps und Tricks erklärt, wie das Aquarium dauerhaft erfolgreich gepflegt werden kann.

Wir freuen uns darauf, viele Nachahmer zu finden, die wir für die Riffaquaristik begeistern können.

April 2018
Sandra Preis und Mark Flato

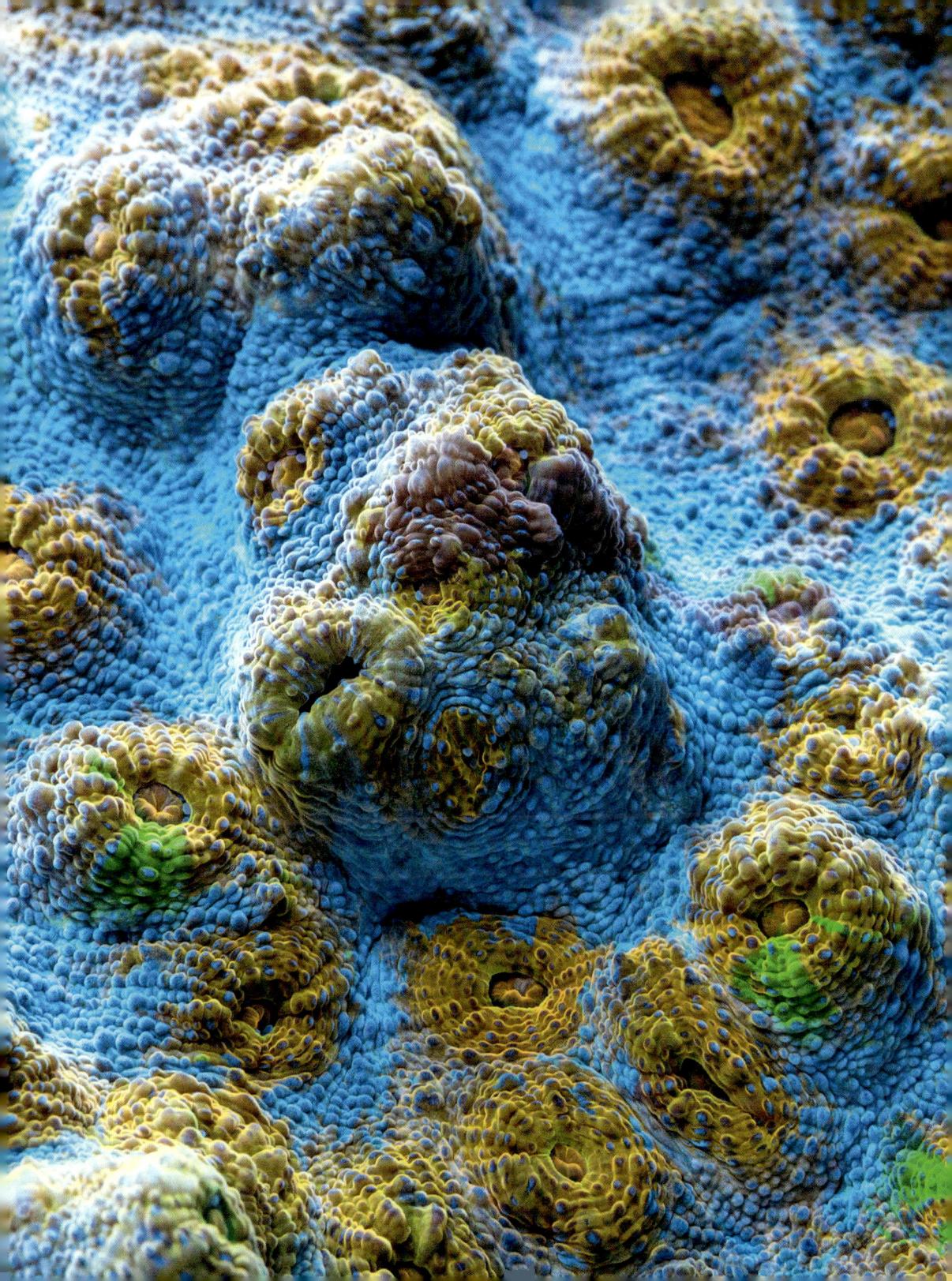

Tauchspot im
Great-Barrier-Reef,
östlich von Cairns,
Australien.

Lebensraum Riff

Nur ein Prozent des maritimen Lebensraums dieser Erde besteht aus Korallenriffen, deren Artenvielfalt ist jedoch am größten. Mehr als 100.000 Tier- und Korallenarten aus den Meeren sind bisher wissenschaftlich beschrieben worden. Experten schätzen, dass die tatsächliche Artenzahl um das 20-Fache größer ist.

Korallenriff in der
Natur – Great-Barrier-Reef.

Foto: Vlad61_61, Fotolia

Steinkorallen im Flynn-Reef, Australien.

Die Erbauer unserer Riffe, die Korallenpolypen, haben durch ständige Kalkablagerungen Riffe von gigantischem Ausmaß geschaffen. Zum Überleben benötigen diese Korallen die sogenannten Zooxanthellen, das sind Algen, die sich im Gewebe des Polypen ansiedeln und mit ihm in einem direkten Stoffwechsel stehen und die für die Farbe und Form der Koralle verantwortlich sind. Alge und Polyp leben also in einer biologischen Zweckgemeinschaft, der Symbiose. Mit Wasser und dem Kohlendioxid, das der Polyp ausscheidet, betreiben sie Fotosynthese. Sauerstoff und Glukose entstehen, die der Korallenpolyp zum Überleben benötigt. Die Zooxanthellen wiederum erhalten aus den Abfallstoffen vom Polypen lebenswichtige Nährstoffe. Eine Störung dieses Kreislaufs hat verheerende Folgen.

Mit der zunehmenden globalen Erwärmung erwärmen sich auch die Ozeane. Temperaturen über 29 °C können die Riffe allerdings nicht verkraften, sie bleichen aus und sterben ab. Das Great Barrier Reef in Australien hatte zwei

große Korallenbleichen im letzten Jahr zu beklagen, davon wird es sich nicht mehr erholen. Deshalb ist es ganz wichtig, dass wir zukünftig für unsere Aquarien ausschließlich auf Korallenableger aus Zuchtfarmen zurückgreifen, um die noch vorhandenen Riffe zu schützen. Fast alle Korallen sind heute aus Zuchtfarmen erhältlich. Auch das macht den Reiz der Meerwasseraquaristik aus, dass wir schöne Korallenableger zur Verfügung haben und weiterhin das Wachstum im Riff beobachten können.

Fächergorgonien können im Great-Barrier-Reef fünf Quadratmeter groß werden.

Fotos: M. Heule

Das Aquarium

Viele komplette Aquariensets sind inzwischen auf dem Markt, von denen manche auch sehr gut konzipiert sind. Die von uns vorgestellten Beispiele beziehen sich alle auf Aquarien unter hundert Litern und wir haben die entsprechende Technik für jedes Aquarium speziell zusammengestellt. Aber auch ein vorhandenes Süßwasseraquarium kann man toll umfunktionieren zum Riffaquarium, das erklären wir ganz genau. Ebenso kann man sich ein Aquarium von einem Aquarienbauer nach eigenen Vorstellungen bauen lassen. Vieles ist möglich und kann zu tollen Ergebnissen führen.

Ein wichtiger Punkt ist das Untergestell, das auf jeden Fall tragfähig genug sein muss, da beispielsweise das 80-Liter-Riffbecken bereits etwa 100 kg wiegt.

Der geplante Standort sollte keinesfalls eine direkte Sonneneinstrahlung haben, damit es nicht zu unkontrollierter Algenbildung und zu Temperaturschwankungen kommen kann. Auch ausreichend Steckdosen in der Nähe des Stellplatzes sind wichtig, je nach Größe des Aquariums werden drei bis sechs Anschlüsse benötigt. Man kann natürlich auch eine Mehrfachsteckdosenleiste verwenden, aber sie sollte unbedingt einen Schalter mit Überspannungsschutz besitzen.

Damit sich das Aquarium gut entwickeln kann, ist der richtige Standort wichtig.

Aquariengestaltung

Es gibt viele verschiedene Möglichkeiten, sein Meerwasseraquarium zu gestalten, das fängt beim Gestein an. Ob Lebendgestein, totes Riffgestein oder künstlich hergestellte Steine, die bereits einen Biofilm besitzen. Ganz wichtig ist, dass man im Meerwasseraquarium keine Dekoration und Gegenstände einbringt, die unter Umständen Giftstoffe abgeben oder gar rosten können. Alle Gesteinsarten haben Vor- und Nachteile, die wir bei unseren Aquarienbeispielen aufzeigen werden.

Bei Lebendgestein befinden sich natürlich die richtigen Bakterien und Algen auf dem Gestein und eventuell sogar die ersten Kleinstlebewesen, die das Aquarium schneller zum Leben bringen werden. Es gibt aber leider auch genügend Plagegeister, die man sich mit Lebendgestein einschleppen kann. Dazu gehören Glasrosen, Kugelalgen, Gänsefußseesterne, Borstenwürmer (s. Kapitel ‚Krankheiten und Plagen'). Deshalb müssen beim Kauf oder spätestens beim Einsetzen ins Aquarium die Steine noch einmal genau unter die Lupe genommen werden. Auf lebendes Riffgestein, das dem Meer entnommen wurde, sollten wir verzichten und die umweltfreundlichere Variante von lebendem Zuchtriffgestein bevorzugen, das genauso aussieht. Es wird in Zuchtbetrieben angefertigt und wird dann für mehrere Monate im Meer belebt.

Rock-Zolid-Gestein ist ein künstliches Modulsystem aus Glasfaser mit Epoxidharz beschichtet, das nichts an das Aquarium abgibt. Hier kann man sich exakt den Stein aus unserem Weichkorallenaquarium nachkaufen. Da hier keine Bakterien vorhanden sind, muss man mit flüssigen Bakterienprodukten nachhelfen, damit das Aquarium schneller stabil läuft. Genauso sollte man vorgehen, wenn man sich für Riffkeramik oder Totgestein entscheidet.

Bei Real-Reef-Rocks hat man ein zu hundert Prozent natürliches Ausgangsmaterial wie bei Riffsteinen. Die schönen Schattierungen von Lila, Rosa und Rot entstehen durch ein natürliches, ungiftiges Pigment auf Wasserbasis, das von Hand aufgespritzt wird. Danach wird es für drei bis vier Monate im Meerwasser

Oben: Auf dem Lebendgestein befinden sich bereits die natürlichen Bakterien.

Unten: Rock-Zolid-Gestein ist ein künstliches Modulsystem, das keine Stoffe an das Aquarium abgibt.

Real-Reef-Rocks gibt es in schönen Schattierungen von Lila, Rosa und Rot.

aktiviert und besitzt dadurch einen natürlichen Bakterienfilm. Mit Real-Reef-Rocks hat man ein umweltfreundliches Produkt mit natürlichen Bakterien.

Gleichgültig, welches Material verwendet wird, sollte bei der Gestaltung auf einen luftigen Aufbau geachtet werden. Die Erfahrung zeigt auch hier, dass weniger oft mehr ist. Als Faustregel gilt: maximal zehn Prozent des Beckenvolumens in Kilogramm Gestein. Das Gestein sollte unbedingt vor dem Sand eingebracht werden, damit grabende Tiere es nicht untergraben und den Aufbau dadurch ins Wanken bringen können. Wichtig ist auch, das Gestein so zu arrangieren, dass alle Scheiben noch gut zu reinigen sind, ausreichend Schwimmraum für eventuelle Fische zur Verfügung steht und dass genügend Stellflächen für Korallen vorhanden sind. Dabei sollte man nicht zu hoch bauen, um den Korallen den Wuchs nach oben zu ermöglichen. Manchmal sieht ein Aufbau anfangs recht mickrig aus. Nicht entmutigen lassen, das gibt sich im Laufe der Zeit, wenn die Korallen wachsen, wird es später kaum noch erkennbar sein.

Sollte man ein Süßwasseraquarium umrüsten wollen, ist es wichtig, die Glasstärke zu prüfen, ob es auch für Meerwasser geeignet ist. Man kann aufgrund der Belastung dann zusätzlich eine PVC-Platte oder Ähnliches auf die Bodenscheibe legen, um die punktuelle Belastung durch die Steine auszugleichen.

So sieht das LPS-Steinkorallen-Aquarium mit vollem Besatz aus.

Bodengrund

Bewährt hat sich ein dem Korallensand ähnliches Material. Am besten eignet sich eine feine Körnung von 0,5 bis 1,5 Millimetern, da es viele Wirbellose gibt, die sich im Sand eingraben wie z.B. die *Nassarius*-Schnecke. Außerdem ist er sehr schön weiß, was den optischen Kontrast zu den Riffbewohnern besonders gut hervorhebt. Durch die vorhandenen Calzium- und Magnesiumverbindungen werden außerdem die Wasserwerte günstig beeinflusst.

Eine Schichthöhe von zwei Zentimetern ist in der Regel ausreichend. Für ein großes Aquarium oder wenn man auch grabende Seesterne, Sanddollar und Knallkrebse pflegen möchte, sollte der Bodengrund etwa drei Zentimeter betragen.

Vor dem Einrichten wird der Sand in einem Eimer mit Leitungswasser gut ausgewaschen, bis das Spülwasser klar ist.

1 Ein Eimer wird zu einem Drittel mit Sand ...

2 ...und mit Wasser gefüllt, bis der Sand bedeckt ist.

3 Der Sand wird gut durchgemischt...

4 ...und das milchige Schmutzwasser abgeschüttet.

5 3 und 4 werden wiederholt, bis das Wasser sauber ist.

6 So kann der Sand verwendet werden.

Einrichtung in 8 Schritten

Schritt 1

Wenn keine Filterkammer oder dunkle Rückscheibe vorhanden ist, bekleben wir die Rückwand mit einer selbstklebenden Deko-Folie. Das hat den Vorteil, dass man keine Kabel und keine hässlichen Wasserflecken sieht.

Schritt 2

Die gesamte Technik – Heizer, Pumpe und eventuell Abschäumer – werden im noch leeren Becken installiert.

Schritt 3

Das Gestein (Lebendgestein, totes Riffgestein oder künstliche Steine) wird im Aquarium platziert. Weniger ist auch hier mehr: Maximal zehn Prozent des Aquarienvolumens in Kilogramm sollte der Steinaufbau betragen.

Schritt 4

Der vorgewaschene Bodengrund wird um die Steine herum verteilt. Eine Höhe von zwei bis drei Zentimetern ist ausreichend.

Schritt 5

Mit einer Gießkanne wird das fertige Meerwasser eingefüllt. Wasser vorsichtig über die Steine laufen lassen, damit nicht zu viel Sand aufgewirbelt wird. Jetzt wird auch die Technik eingeschaltet.

Schritt 6

Zur Beschleunigung der Biologie und Verkürzung der Einfahrphase sollte – unbedingt aber bei künstlichem Gestein – ein Bakterienstarter hinzugegeben werden.

Schritt 7

Wenn alle Wasserwerte in Ordnung sind, können wir mit dem Einsetzen bzw. Einkleben der Korallen beginnen (siehe Seite 13).

Schritt 8

So schön sieht unser Aquarium schon nach zwei Wochen aus.

Einfahrphase

Nachdem die Dekoration eingebracht wurde, muss das Aquarium ins bio-
logische Gleichgewicht kommen. Dieses sogenannte ‚Einfahren' kann auf
verschiedene Weise geschehen. Die althergebrachte Methode ist, lange zu
warten, bis sämtliche Algenphasen durch sind. Das macht aber eigentlich
wenig Sinn, denn wir möchten ja Korallen halten und keine Algen züch-
ten. Die heute gebräuchliche Methode ist die des ‚schnellen Besetzens'.
Bereits nach einer Woche – bevor sich die ersten Algen zeigen – wird das
Aquarium zügig mit einfachen Korallen besetzt und damit den Algen eine
natürliche Konkurrenz entgegengesetzt. Wichtig ist es, dass die Haupt-
wasserwerte wie Salzdichte, Calcium, Magnesium und Karbonathärte im
optimalen Bereich sind. Dies sollte man mit Wassertests, die von vielen
Herstellern angeboten werden, überprüfen. Zudem kann man mit entspre-
chenden Bakterienpräparaten den Bakterienhaushalt schneller einstellen.

Sind die Werte von Calcium, Magnesium oder der Karbonathärte zu
niedrig, kann man leicht mit Spurenelement-Präparaten nachhelfen. Angestrebt werden folgende Werte: Calcium 400 bis 420, Magnesium 1300 bis
1350, Karbonathärte 7 bis 8. Leichte Erhöhung der Werte kann man tole-
rieren. Der optimale Wert von Nitrat liegt bei 0-10 mg/l und kann durch
Wasserwechsel gesenkt werden. Bei zu hohen Phosphat- (ab 0,15 mg/l)

Grünalge.

Kieselalge.

oder Silakatwerten (ab 0,6 mg/l) kann man einfach Absorber ins Aquarium einbringen, um die Werte zu senken.

Blastomussa merletti.

Beginnen sollte man mit unempfindlichen Korallenarten wie Weich-, Horn-, Lederkorallen, *Zoanthus* und Scheibenanemonen. Bei den Steinkorallen gibt es einige einfache Arten wie *Caulastrea, Fungia* und *Trachyphyllia* in unserem LPS-Aquarium.

Trotzdem wird man nicht ganz um die Algenphasen herumkommen. Die Entwicklungen können sehr unterschiedlich sein, sogar, wenn man zwei identische Aquarien ausstattet. Zuerst entstehen Kieselalgen, die einen braunen Belag auf Boden und Steinen bilden, gefolgt von Grünalgen, die meist fadenartig sind. Ist der braune Belag sehr stark, empfiehlt es sich, einen Silikatabsorber zu benutzen. Diesen bringt man in der Filterkammer oder in einem kleinen Innenfilter unter.

Meist sind auch erhöhte Werte von Ammonium/Ammoniak und Nitrit messbar. Das ist durchaus normal, sie werden aber nach kurzer Zeit wieder sinken und nicht mehr nachweisbar sein. Dann können wir sicher sein, dass sich die Biologie eingependelt hat.

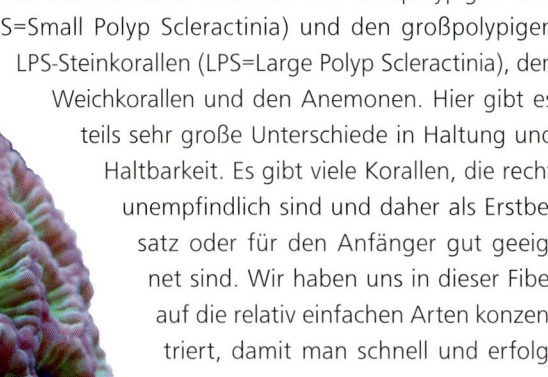

Lobophyllia corymbosa.

Korallen

Ganz besonders spannend in der Riffaquaristik ist das Sammeln schöner Korallenableger und die Faszination, wie aus der Dekoration langsam ein Riff wird. Wir unterscheiden zwischen den kleinpolypigen SPS- (SPS=Small Polyp Scleractinia) und den großpolypigen LPS-Steinkorallen (LPS=Large Polyp Scleractinia), den Weichkorallen und den Anemonen. Hier gibt es teils sehr große Unterschiede in Haltung und Haltbarkeit. Es gibt viele Korallen, die recht unempfindlich sind und daher als Erstbesatz oder für den Anfänger gut geeignet sind. Wir haben uns in dieser Fibel auf die relativ einfachen Arten konzentriert, damit man schnell und erfolgreich starten kann. Dazu zählen unter anderem Weich- und Lederkorallen, *Zoanthus*, Scheibenanemonen einige LPS- und gar SPS-Korallen. Diese Korallen verzeihen auch kleine Anfängerfehler, beispielsweise bei leichten Schwankungen der Wasserwerte. Manche Aquarianer halten SPS-Korallen für den Start für ungeeignet. Wenn man sich auf einfachere Arten beschränkt, wie wir sie hier vorstellen, wird es keine Probleme geben. Zu

einem funktionierenden SPS-Aquarium gehört aber auch eine gute technische Ausstattung und die Versorgung mit Spurenelementen, damit das System immer möglichst gleichbleibende Wasserwerte aufweist. Das muss mit guten Wassertests regelmäßig überprüft werden oder man lässt von Zeit zu Zeit eine professionelle Wasseranalyse durchführen. Regelmäßig testen sollte man die Salzdichte, Karbonathärte, Calcium/Magnesium, Nitrat, Phosphat und Silikat. Tests hierzu sind im Handel inzwischen zu erschwinglichen Preisen erhältlich.

Viele Riffaquarien sind bereits nach einem Jahr schon so dicht bewachsen, dass man ‚gärtnerisch' eingreifen muss. Bei zu groß gewordenen Korallen werden Stücke herausgebrochen, abgeknipst oder geschnitten. Im Fachjargon spricht man davon, die Koralle zu fragmentieren. So schafft man wieder Platz im Aquarium und produziert gleichzeitig neue Korallenableger. Diese werden dann mit Korallenkleber wieder auf künstliche Steine oder an anderer Stelle ins Riff geklebt. Anfänger, die sich langsam an das Riffthema heranwagen wollen und den persönlichen Aufwand und die Pflegekosten minimieren möchten, sollten sich für Weich- und Lederkorallen sowie Scheiben- und Krustenanemonen entscheiden. Diese Arten kann man durchaus ohne Abschäumer erfolgreich pflegen. Auch die Versorgung mit Spurenele-

Ricordea (links) und *Zoanthus* (rechts) gehören zu den besonders schönen Scheiben- und Krustenanemonen.

Foto: C. Lukhaup

Scheibenanemone.

menten ist geringer, da diese Korallen nicht riffbildend sind und weniger Calcium und Magnesium verbrauchen als Steinkorallen. Zudem gedeihen sie besser mit etwas ruhigeren Strömungsverhältnissen und angepasstem Licht. Manche Aquarianer finden auch ein Aquarium mit Weichkorallen reizvoller als Steinkorallen, weil durch die längeren Polypen mehr Bewegung im Riff ist.

Die Scheiben- und Krustenanemonen sind allerdings an Farbenpracht einmalig, besonders in den Gattungen *Zoanthus* oder *Ricordea* gibt es die schönsten Farbnuancen, die das Aquarianerherz höher schlagen lassen.

1 Komponenten-Korallenkleber nach Anweisung vorbereiten. **2** Beide Komponenten zu einer homogenen Masse verkneten. **3** Masse auf Ableger- oder Riffstein drücken. **4** Korallenableger in die Masse einsetzen. **5** Masse leicht um die Koralle andrücken.

Mit Weichkorallen und Anemonen hat man schnell ein schönes Riffaquarium gezaubert.

Algen

In den Küstenbereichen der Meere bilden Algen ausgedehnte Wälder. Sie produzieren Phytoplankton, den pflanzlichen Teil des Planktons, das als Endsymbiont der sogenannten Zooxanthellen bezeichnet wird. Diese Zooxanthellen kommen bei Meerestieren und in allen riffbildenden Korallen vor. Höhere Algenarten sind heute noch sehr beliebt für Artaquarien mit Seenadeln und Seepferdchen. Hier sollte man auf Arten achten, die nicht zu stark verwurzeln. Bei Korallenaquarien hingegen sieht man sie kaum noch, da höhere Algenarten vom Wuchs her schwer kontrollierbar sind. Heutzutage gibt es für größere Aquarien Algenreaktoren, in die man vorzugsweise die schnellwachsende Drahtalge *Chaetomorpha linum* einbringt. Die Reaktoren arbeiten als eigenständiges Algenrefugium, um Nährstoffe wie Nitrate und Phosphate zu entziehen. Gerade in Aquarien mit hoher Belastung gedeihen die Algen sehr gut. Wenn das Refugium zugewachsen ist, sollte ein großer Teil Algen entfernt werden, damit die aufgenommenen Schadstoffe aus dem Wasserkreislauf entfernt werden. In den Algen vermehren sich auch gerne kleine Krustentiere wie Ruderfußkrebse (*Copepoda*), die Fischen oder Seepferdchen als willkommene Nahrung dienen.

Ruderfußkrebse vermehren sich gerne in Algen.

Cerithium sp.

Schnecken

Viele Schnecken halten das Aquarium frei von Algen, wie *Cerithium* sp., *Turbo fenestratus* und *Turbo brunneus*. Schnecken gehören zur Gruppe der Weichtiere (Mollusken) und besitzen meist ein Haus aus Calciumcarbonat und Proteinen, das ihnen als Schutz dient. Die prächtig gefärbten Nacktschnecken ohne Haus sind für die Aquarienhaltung kaum geeignet, da sie sich ausschließlich von bestimmten Schwämmen, Moostierchen oder Seescheiden ernähren!

Nassarius sp.

Am nützlichsten im Aquarium sind Schnecken, die sich pflanzlich (herbivor) ernähren, auf diese haben wir uns hier beschränkt. Gute Dienste leisten auch Bodenschnecken, die den Bodengrund sauber halten und sich von Aas ernähren. Zur Fütterung kommen sie gerne aus dem Sand geschossen und fressen alles, was man ihnen anbietet.

Aufpassen sollte man aber, dass mit dem Riffgestein oder den Korallen keine Schnecken eingeschleppt werden. Dabei könnten Parasiten sein, die die Korallen schädigen. Ansonsten sind Schnecken im Riffaquarium nützliche Pfleglinge, die das Aquarium von Algen freihalten.

Garnelen, Krebse, Krabben

Sie gehören zur großen Gruppe der Arthopoden, von denen bisher 750.000 verschiedene Arten beschrieben wurden. Es sind Wirbellose, sie besitzen also keine Wirbelsäule und zeichnen sich durch ein festes Außenskelett, den Chitinpanzer, und zahlreiche gelenkige Verbindungen aus.

Wir haben für unsere Aquarienbeispiele zwei kleinbleibende Garnelen gewählt, die auch gut für Nanoriffe geeignet sind. Gerade die kleine Hohlkreuzgarnele ist besonders in der Gruppe sehr schön zu beobachten. In einem großen Aquarium würde man sie nur selten zu Gesicht bekommen.

Einsiedlerkrebse leben zum Schutz vor Feinden in Schneckenhäusern, da ihr Hinterleib weich und ungeschützt ist. Im Laufe des Wachstums werden immer größere Häuschen zum Tausch benötigt. Sie benehmen sich gelegentlich sehr rüpelhaft, wenn sie mit ihrer ungestümen Gangart Dekorationen umwerfen oder auch sehr forsch bei der Futteraufnahme sind. Trotzdem sind sie eine Bereicherung für das Riffaquarium, weil sie fleißige Helfer beim Vertilgen von Futterresten und Algenwuchs sind.

Krabben haben bei vielen Aquarianern keinen guten Ruf, weil sie oft mit lebendem Riffgestein eingeschleppt wurden und ihnen so manches Aquarientier schon zum Opfer gefallen ist. Aber auch unter den Krabben gibt es wunderschöne und sehr nützliche Tiere. Die Boxerkrabbe ist ein absoluter Hingucker im Riff. An ihren Scheren trägt sie kleine Puschel (Anemonen), mit denen Sie drohen kann, wenn ihr etwas zu nahe kommt.

Ausgesprochen nützlich bei Algenproblemen ist die Grüne Spinnenkrabbe, *Mithraculus sculptus*. Sie frisst viele ungeliebte Algenarten, ist nicht so scheu wie andere Krabben und sammelt gemütlich mit ihren großen Scheren die Algen von den Steinen.

Die kleine Hohlkreuzgarnele kommt in einem kleinen Aquarium besser zur Geltung.

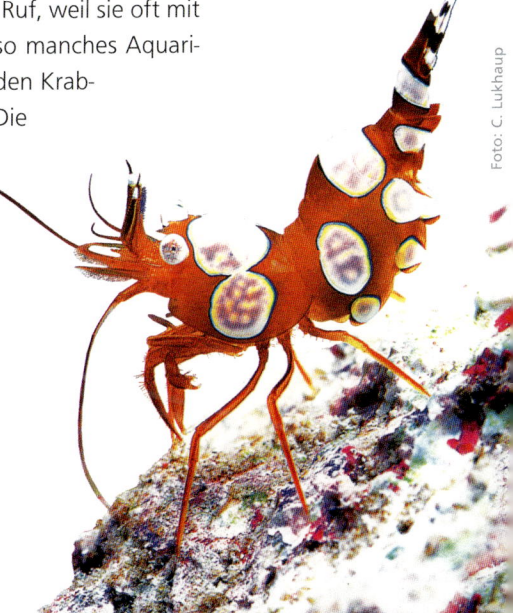

Foto: C. Lukhaup

Weichkorallen-Aquarium, 20 Liter

So toll sieht unser Weichkorallen-Aquarium bereits nach einigen Wochen aus.

In 5 Schritten zum Weichkorallen-Aquarium

Schritt 1

Als Erstes wird die Folie für die Rückwand aufgeklebt und glatt gestrichen.

Schritt 2

Sand wird eingefüllt und der Rock-Zolid-Stein hineingestellt.

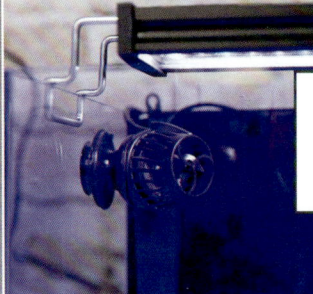

Schritt 3

Pumpe und Heizer sind angebracht.

Schritt 4

Etwa 15 Liter Meerwasser werden eingefüllt.

Schritt 5

Flüssigbakterien werden jetzt ins Wasser gegeben.

Korallen kleben macht Spaß

Nachdem wir die Rückwandfolie aufgeklebt, Pumpe und Heizer (s. S. 26) installiert haben, geht es mit der Dekoration los. Der Sand wird gewaschen und eingefüllt. Ein freundlicher Meerwasserhändler gibt auch gerne noch eine Handvoll Sand aus einem gut eingefahrenen Aquarium ab. Da durch die Einrichtung mit Kunststein keine Bakterien eingebracht werden, ist das hilfreich für eine schneller funktionierende Kultur, aber wir dosieren bei diesem Aquarium auch Flüssigbakterien Baktoplan-Marin-Nano zu. Das Gestein wird eingesetzt und dann das Meerwasser eingefüllt, wir haben hier netto ca. 15 Liter Meerwasser gebraucht. Auch das Osmosewasser wird jetzt gleich gekauft, da durch die Verdunstung kontinuierlich aufgefüllt werden muss. Für die Aquamai-Pumpe muss man die App installieren, wir empfehlen eine Einstellung im Pulsmodus 10 bis 20 Prozent, die nachts auf 10 Prozent abgesenkt wird. Der Heizer wird angeschaltet, dieses Modell regelt sich automatisch auf 25 °C ein. Mit eingeschalteter Technik lassen wir das Aquarium jetzt ca. eine Woche laufen, wobei die Beleuchtung vorerst für sechs Stunden am Tag eingeschaltet bleibt.

Bevor wir die Korallen einbringen, werden noch die Wasserwerte getestet. Unsere Anfangswerte waren alle im Normbereich.

Nach Ablauf dieser Woche wird mit den Korallen und Schnecken gestartet. Die Ableger haben wir alle mit Unterwasserkleber befestigt. Wenn man geübt ist, kann dies unter Wasser geschehen, ansonsten empfehlen wir, den Stein rauszuholen und die Korallenstücke außerhalb des Wassers aufzukleben, es schadet ihnen nicht, wenn sie ein paar Minuten an der Luft sind. Die Röhrenkoralle, *Pachyclavularia violacea,* oben am Stein, haben wir vorher mit einer Schere so geschnitten, dass sie genau auf den Kamm des Steines passt. Das sieht dann optisch noch perfekter aus.

> **Wasserwerte**
> Salzdichte 1.024
> Nitrat 0-5
> Nitrit 0,00
> Phos 0,03
> KH7
> Magnesium 1380
> Calcium 440

Die Röhrenkoralle auf der Spitze des Steins wurde passend zugeschnitten.

1 Wir benötigen Kleber, Saugnapf und Scheibenanemone.

2 Die Scheibenanemone wird umgekehrt auf den Saugnapf gelegt.

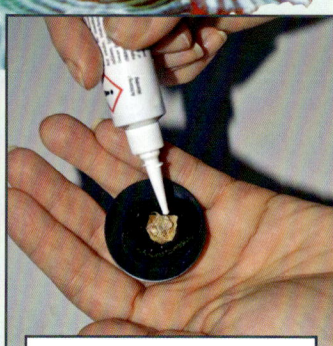

3 Das Substrat wird mit Kleber benetzt.

4 Wir legen den Saugnapf an der gewünschten Stelle an ...

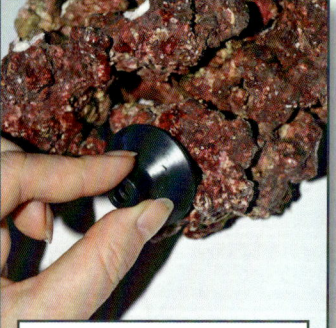

5 ... stülpen ihn um, drücken die Anemone an und warten 20 Sekunden, bis wir den Saugnapf entfernen.

6 Die Scheibenanemone sitzt perfekt und fest.

Als Letztes ziehen die Wirbellosen Tiere ein, hier die Boxerkrabbe *Lybia tessellata*.

Nach einer weiteren Woche wird das Wasser erneut getestet. Jetzt werden auch wöchentlich fünf Milliliter Spurenelemente zugegeben, hier haben wir uns für ein einfaches Kombipräparat entschieden. In der zweiten bis dritten Woche hatten wir einen stärkeren Kieselalgen-Belag, deswegen haben wir zusätzlich eine kleine Innenfilterpumpe mit Silicarbon und Filterwatte drangehängt, die regelmäßig alle drei Tage ausgewaschen werden muss, damit die gelösten Bestandteile aus dem Aquarium geholt werden. Damit wurde auch gleich der leicht erhöhte Phosphatwert gesenkt. Ein- bis zweimal pro Woche füttern wir die Korallen mit speziellem Ergänzungsfutter, dabei sollte darauf geachtet werden, dass vor der Fütterung der Korallen die Beleuchtung mindestens zwei Stunden angeschaltet war und die Korallen komplett geöffnet sind, damit sie die Nahrung richtig aufnehmen können. Nach einem Monat haben wir den ersten Wasserwechsel von etwa einem bis zwei Litern durchgeführt, dies sollte regelmäßig jede Woche erfolgen.

Das Aquarium ist jetzt gut eingefahren, die Kieselalgen verschwunden, nun kann man auch die empfindlicheren Tiere wie Garnelen, Boxerkrabbe und Röhrenwurm einsetzen. Die Wirbellosen sollten zusätzlich mit etwas *Artemia*, Lobstereiern oder Plankton gefüttert werden. Bitte nur kleine Mengen füttern, damit nichts im Aquarium vergammelt. Sollte sich etwas

Jetzt ist das Aquarium komplett eingerichtet.

Bereits nach sechs bis acht Wochen kann man deutlich sehen, wie die Korallen gewachsen sind.

Dreck auf dem Sand ansammeln, kann dieser beim Wasserwechsel mit einem feinen Schlauch abgesaugt werden. Die Beleuchtungszeit haben wir jetzt auf insgesamt acht Stunden erhöht.

Regelmäßige Wartungsarbeiten

Wöchentlich:

Bakterien und Spurenelemente dosieren, füttern, Wasserwechsel von etwa einem bis zwei Litern vornehmen, Scheiben putzen.

Monatlich:

Wenn sich alles eingependelt hat, monatlich das Wasser testen.

Wunderschöne *Ricordea-florida-*Kolonie.

Herkunft:
Indopazifik

Temperatur:
23-28 °C

Futter:
Staubfutter,
Plankton, Zooxan-
thellen/Licht

Scheibenanemone

Discosoma sp.

Scheibenanemonen sind in allen Meeren verbreitet und sie sind auch häu-
fig als Nachzuchten erhältlich. Sie sind sehr robust und gedeihen auch
bei schlechteren Wasserwerten. Es gibt sie in vielen Farbformen, Rot, Blau
und Grün sowie mit gestreiften oder gepunkteten Mustern. Man kann
Scheibenanemonen fast überall im Aquarium ansiedeln, sogar in leicht
schattigen Bereichen. *Discosoma*-Arten können auch nesseln, deshalb sollten die Tiere nicht in Konkurrenz zu anderen Korallen stehen.

Herkunft:
Indonesien,
Rotes Meer

Temperatur:
23-28 °C

Futter:
Plankton,
Staubfutter,
Zooxanthellen/
Licht

Röhrenkoralle

Pachyclavularia violacea

Die Röhrenkoralle hat als Basis ein rot-violettes Geflecht. Daraus wachsen grüne Polypen mit weißem Kern. Die Röhrenkoralle vermehrt sich teppichartig, was wie eine Wiese aussieht. Es ist eine schöne Anfängerkoralle, die sich einfach pflegen lässt. Sie verzeiht auch leichte Schadstofferhöhungen, aber die Polypen könnten dadurch dunkler werden bis hin zu Brauntönen. Man sollte darauf achten, dass sie ausreichend Strömung bekommt, da sich gerne Sedimet im Geflecht ablagert. Deshalb von Zeit zu Zeit auch mit der Hand darüberfächeln und damit die Ablagerungen entfernen.

Karibik-Scheibenanemone
Ricordea florida

Herkunft:
Atlantik, Karibik

Temperatur:
24-27 °C

Futter:
Staubfutter,
Plankton, Zooxan-
thellen/Licht

Sie sehen aus wie Perlen und das ist auch die Übersetzung ihres Namens. Sie lieben es, sich gegenseitig mit ihren Tentakeln zu berühren, weshalb sie am besten dicht nebeneinander in einer kleinen Gruppe eingesetzt werden. Der beste Standort ist im unteren bis mittleren Bereich des Aquariums, aber bitte nicht in schattige oder strömungsstarke Zonen platzieren. Sie können eine Größe von vier bis zehn Zentimetern erreichen und vermehren sich langsam durch Teilung der Polypen. Typisch für *Ricordea florida* ist, dass ein Polyp mehrere Mundöffnungen (bis zu sechs) bilden kann.

Lederkoralle
Sarcophyton sp.

Lederkorallen sind dankbare Anfängerkorallen, sie sind wuchsfreudig und vertragen auch einmal nicht ganz perfekte Bedingungen. Man sollte aber aufpassen, die typische Pilzlederkoralle mit Stamm ist für dieses Aquarium eigentlich schnell zu groß. Also lieber Finger weg. Wir haben uns für eine bodenwachsende Art ohne Stamm entschieden, die weniger rasant wächst und bei Bedarf einfach durch Abschneiden verkleinert werden kann. Diese Koralle häutet sich, es bildet sich oben eine dünne Haut und die Polypen sind geschlossen. Nach ein paar Tagen löst sich die Haut und die Polypen erscheinen wieder. Sollte die Haut sich nicht richtig ablösen, kann man durch leichtes und vorsichtiges Darüberstreichen nachhelfen.

Herkunft:
Indischer Ozean

Temperatur:
23-28 °C

Futter:
Staubfutter, Plankton, Zooxanthellen/Licht

Weichkoralle *Sinularia* sp.

Diese schöne Weichkoralle ist eine Nachzucht. Bei perfekten Wasserwerten ist sie strahlend grün, kann aber schnell ins Bräunliche abdunkeln, wenn erhöhte Schadstoffe im Aquarium sind. Da wir in diesem Aquarium nur eine geringere Strömung im Pulsmodus haben, kann sie gut in einer direkten Strömung stehen, sie sollte aber immer ausreichend Licht an ihrem Standort haben.

Herkunft:
Indopazifik

Temperatur:
24-28 °C

Futter:
Zooxanthellen/Licht

Herkunft:
Indopazifik

Temperatur:
23-26 °C

Futter:
Staubfutter,
Plankton, Zooxan-
thellen/Licht

Foto: C. Lukhaup

Krustenanemone

Zoanthus sp.

Sie ist eine einfache, wuchsfreudige Koralle. Aufgrund der Farbenvielfalt ist sie sehr beliebt bei den Aquarianern. Seit einigen Jahren ist auch ein Trend aus den USA zu uns geschwappt, dort werden besonders farbige Arten mit Fantasienamen wie 'Rastas', 'Miami Vice' oder 'Bam Bam' gesammelt. Man kann sie in allen Zonen des Aquariums gut ansiedeln, sie mögen auch strömungsstarke Bereiche. Bei starker Vermehrung muss man aufpassen, dass sie andere Korallen nicht verdrängen.

Foto: C. Lukhaup

Weibchen
der Hohlkreuz-
Garnele.

Herkunft:
Indopazifik

Größe:
bis 2 cm

Temperatur:
24-27 °C

Futter:
Artemia, Krill,
Mysis, Muschel-
fleisch, Bosmiden,
Granulat

Hohlkreuz-Garnele,

Sexy Shrimp, *Thor amboinensis*

Eine sehr interessante Mini-Garnele, die besonders im Nanoriff gut zur Geltung kommt. Man nennt sie oft auch ‚Sexy Shrimp', weil sie ständig mit ihrem Hinterteil wackelt. Gehalten wird sie am besten in einer kleinen Gruppe von drei bis fünf Stück. Wir haben sie in das Anemonen/Weichkorallen-
Aquarium gesetzt, da sie bevorzugt in diesen Korallen leben, in der Natur
am liebsten in den Gattungen *Heteractis* oder *Stichodactyla*. Bei Steinko-
rallenaquarien sollte man vorsichtig sein, da sie diese oftmals geschädigt
haben. Ob es dabei am Futtermangel liegt, ist noch nicht genau bekannt.

   Gut zu unterscheiden sind die Geschlechter: Ist die weiße Zeichnung vor
dem Beginn des Schwanzes unterbrochen, ist das Tier weiblich, ist sie voll-
ständig, handelt es sich um ein Männchen.

Täubchenschnecke

Euplica sp.

Herkunft:
Indopazifik,
Südpazifik,
Westatlantik

Temperatur:
23-28 °C

Futter:
Algen, Futterreste

Die Täubchenschnecken sind sehr klein, etwa 8 bis 20 mm, je nach Herkunft. Meist schleppt man sie durch Riffgestein oder Korallen ein. Hier haben wir sie gezielt eingesetzt, da sie ausgezeichnete Algenfresser sind und durch ihre Größe für das kleine Aquarium bestens

geeignet sind. Sie vermehren sich auch gut von alleine im Aquarium. Zusätzlich füttern muss man nicht, sie finden in der Regel genügend Algen im Aquarium oder Futterreste.

Lederröhrenwurm

Sabellastarte sp.

Herkunft:
Indischer Ozean,
Indopazifik

Temperatur:
24-27 °C

Futter:
Phytoplankton,
Staubfutter,
Zooplankton

Als Röhrenwürmer werden verschiedene Gruppen von wurmartigen Tieren bezeichnet, dieser hier lebt als sessiles (fest sitzend, kann seinen Aufenthaltsort nicht wechseln) Tier in einer Röhre. Lederröhrenwürmer gehören zur Familie der Federwürmer (Sabellidae), was man auch an ihrem Erscheinungsbild erkennen kann. Die Krone kann bis zu zehn Zentimetern im Durchmesser betragen. Sie sind gut haltbar, wenn sie mit Staubfutter gefüttert werden, ansonsten würden sie verhungern, da im Aquarium nicht genügend Futter zum Filtrieren vorhanden ist. Bitte erst einsetzen, wenn das Aquarium eingefahren ist und wirklich stabil läuft.

Herkunft:
Indopazifik,
Rotes Meer,
West-Pazifik,
Indischer Ozean

Größe:
bis 2 cm

Temperatur:
23-27 °C

Boxerkrabbe

Lybia tessellata

Ein sehr interessantes Tier, das an jeder Schere eine kleine Anemone trägt, mit der es Drohbewegungen ausübt, wenn ihm jemand zu nahe kommt. Selbst im 20-Liter-Aquarium sieht man die Boxerkrabbe kaum, da sie nachtaktiv ist. Tagsüber sitzt sie meist versteckt in einer Kuhle des Steins. Zur Fütterung erscheint sie inzwischen gerne, setzt sich auf die *Ricordea* und fängt das Futter mit ihren Puscheln. Übergriffe auf andere Tiere konnten wir nicht feststellen, es wird ihr aber immer wieder nachgesagt, dass sie Borstenwürmer frisst. In manchen Aquarien wäre das ganz praktisch, falls sich die Würmer zu stark vermehren. Lediglich bei der Fütterung ist sie sehr zielstrebig, da müssen die Garnelen ausweichen.

SPS-Steinkorallen-Aquarium, 36 Liter

(Small Polyp Scleractinia = kleinpolypige Steinkorallen)

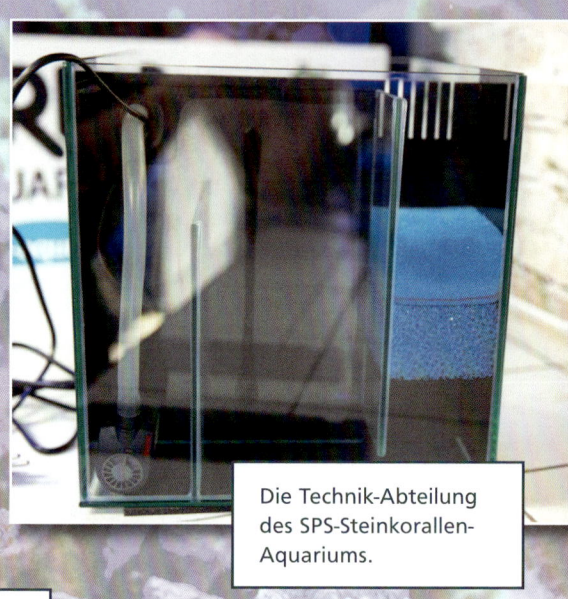

Die Technik-Abteilung des SPS-Steinkorallen-Aquariums.

Noch leer, aber mit Beleuchtung.

Lebendgestein und Sand machen den Anfang.

Mit Meerwasser und angeschlossener Technik wird eine Woche gewartet, bis es weitergeht.

Wasser marsch

Nachdem wir die Technik installiert haben, Steine platziert sind und Sand eingefüllt ist, fehlt nur noch das Meerwasser. Wir haben netto ca. 30 Liter Meerwasser gebraucht. Die kann man sich bei seinem Meerwasserhändler fertig kaufen oder selbst ansetzen, wie auf Seite 81 beschrieben ist. Am besten auch gleich an einen kleinen Kanister Osmosewasser denken, da durch die Verdunstung ca. 100 ml am Tag fehlen können, die kontinuierlich aufgefüllt werden müssen, damit es zu keinen großen Dichteschwankungen kommt. Wir lassen das Aquarium jetzt etwa eine Woche mit der angeschlossenen Technik laufen. Der Heizer ist auf 25 °C eingestellt, die Lampe leuchtet vorerst sechs Stunden am Tag.

Bevor man die Korallen einbringt, werden noch die Wasserwerte getestet. Unsere Anfangswerte waren alle im Normbereich.

Wasserwerte
Salzdichte 1.024
Nitrat 0-5
Nitrit 0,00
Phos 0,01
KH7
Magnesium 1330
Calcium 478

Korallen werden in das Gestein eingeklebt.

Nach einer Woche geht es endlich los: Korallenableger haben wir entweder von dem Ablegerstein gelöst und in die Löcher des Gesteins gesteckt oder mit Gelkleber verklebt. Die Montipora-Platten haben wir aufs Riff gestellt. Zudem sind ein paar Wirbellose eingezogen.

Die Beleuchtungszeit wurde um zwei Stunden erhöht (insgesamt acht Stunden). Vier bis sieben Tage später wird erneut das Wasser getestet.

Wenn sich Karbonathärte und Calcium reduzieren, muss nachdosiert werden.

Jetzt haben wir schon einen Verbrauch der Spurenelemente festgestellt, denn Karbonathärte und Calcium haben sich reduziert. Nun sollte man anfangen, sein Aquarium mit Spurenelementen zu versorgen. Wir haben uns für die Balling-Methode entschieden, in der einfachen Version mit fertig gemischten Produkten Calcium-Fluid und KH-Fluid. Diese Methode wurde nach ihrem Erfinder Hans-Werner Balling benannt und dient zur Versorgung des Meerwasseraquariums mit Calcium (Ca), Karbonathärte (KH) und Spurenelementen. Hier muss man individuell für jedes Aquarium selbst durch Wasser testen herausfinden, wie viel man dosieren muss, da sich jedes Aquarium anders entwickelt. Wenn der Magnesiumwert fällt, sollte man sich noch Magnesium-Fluid kaufen. Wir haben mit 15 ml angefangen und sind heute bei 25 bis 30 ml jeden zweiten Tag. Wenn man die Spurenelemente selbst mischen und präzise dosieren möchte, empfiehlt sich das Internetportal www.aquacalculator.com. Dort gibt man seine Aquariengröße und die Ist-Werte von Karbonathärte, Calcium, Magnesium ein sowie die Werte, die man erreichen möchte. Dann werden die genauen Dosiermengen ausgerechnet. Hierzu benötigt man dann die Grundstoffe in Pulverform: Calciumchlorid Dihydrat und Natriumhydrogencarbonat in Pharmazie-Qualität. Für die Magensiumzugabe wird Magnesium-Chlorid-Hexahydrat gebraucht.

Kurzfristig erschienen nach zwei bis drei Wochen einige Kieselalgen, das ist aber kein Grund zur Panik. Wir haben lediglich den Wirbellosenbesatz durch ein paar Schnecken und Einsiedlerkrebse etwas aufgestockt, auf insgesamt drei *Tectus/Trochus*-Schnecken und zwei *Nassarius*-Bodenschnecken sowie drei Einsiedlerkrebse. Man kann sich hier auch mit einem Silikatabsorber behelfen und den hinten in die Filterkammer über die Filterschwämme legen. Ein- bis zweimal pro Woche haben wir minimal Staubfutter für die Korallen und ein kleines Stückchen Garnelentab für die Einsiedler gefüttert. Natürlich freuen sie sich auch über etwas Abwechslung, zum Beispiel gefrorene *Artemia* oder *Mysis*. Frostfutter muss vorher immer sehr gut ausgespült werden, da das Auftauwasser meist mit Schadstoffen (Phosphat) belastet ist.

Einsiedlerkrebs.

Foto: C. Lukhaup

Das fertig eingerichtete SPS-Aquarium.

Nach einem Monat haben wir den ersten Wasserwechsel von etwa drei Litern durchgeführt, dies sollte jetzt regelmäßig alle ein bis zwei Wochen wiederholt werden. Wenn man nur jede zweite Woche Zeit erübrigen kann, dürfen es ruhig etwa fünf Liter Wechselwasser sein. Zur regelmäßigen Pflege gehört natürlich auch das Putzen der Scheiben. Auf dem Markt sind viele Produkte, wir bevorzugen einen Magnetreiniger, mit dem man sich nicht die Scheiben verkratzt. Außerdem wird der Abschäumertopf geleert und der Filterschwamm unter fließendem Leitungswasser ausgewaschen. Alle zwei Wochen geben wir noch einen Tropfen Jod und Strontium hinzu, das sich durch das Wachstum der Korallen und den Lichteinfluss verbraucht.

Deutliche Fortschritte schon nach zwei Wochen.

Acropora sp. gehört zu den attraktivsten SPS-Korallen.

Kleinpolypige Steinkoralle

Acropora sp.

Herkunft:
Indonesien,
Australien

Temperatur:
24-26 °C

Futter:
Plankton, Zooxan-
thellen/Licht

In der Gattung *Acropora* existieren viele schöne und extrem farbenfrohe Arten. Sie gelten in der Haltung als die Königsklasse und gehören zu den hoch wachsenden SPS-Korallen, deren Wachstum allerdings nicht so stark ist wie bei den *Seriatopora*- oder *Montipora*-Arten.

Ausgezeichnete Wasserwerte und gute Lichtverhältnisse sowie ausreichend Strömung sollten hier vorhanden sein. Wir haben in diesem Beispielaquarium durch wöchentliche Wasserwechsel immer auf gute Werte aufgepasst.

Die Gattung *Acropora* umfasst über 180 Arten, hier gibt es also farblich eine Riesenauswahl auf dem Markt. Wir empfehlen allerdings mit den Acroporen zu warten, bis Sie die Wasserwerte richtig gut im Griff haben.

Herkunft:
Australien,
Indonesien

Temperatur:
24-26 °C

Futter:
Plankton, Zoo-
xanthellen/Licht,
Staubfutter

Hirnkoralle

Favia sp.

In unser SPS-Aquarium hat sich auch eine
LPS-Koralle geschlichen, da sie gut dazu passt
und bei konstanten Wasserwerten eigentlich
recht einfach zu halten ist. Im Gegensatz zu anderen Korallen mit kleinen
Polypen reagieren sie weniger empfindlich bei leicht erhöhten Nitrat- oder
Phosphatwerten. Allerdings sollte man starke Schwankungen dennoch ver-
meiden. Die Hirnkoralle ernährt sich durch Licht und Schwebeteile im Wasser, wie z.B. Plankton, man kann sie aber auch mit Staubfutter füttern, um
das Wachstum zu unterstützen. Sie fühlt sich wohl im mittleren bis Bodenbereich, bei mittelstarker bis zeitweise starker Strömung. Auch hier ist aber
die indirekte Strömung zu bevorzugen.

Kleinpolypige Steinkoralle

Montipora sp.

Herkunft:
Indonesien, Aus-
tralien, Mikrone-
sien, Philippinen

Temperatur:
24-27 °C

Futter:
Zooxanthellen/
Licht

Korallen der Gattung *Montipora* (wir haben *Montipora hirsuta*, *Montipora foliosa*, *Montipora delicatula* und *Montipora digitata* verwendet) sind meist flach wachsend in Plattenform oder sie überwachsen das Gestein in unseren Aquarien. Einige wenige *Montipora*-Arten sind aber auch hoch wachsend.

Sie benötigen sehr viel Licht, können daher auch gerne weit oben in unseren Riffaufbau eingebracht werden. Wie bei den meisten SPS-Korallen, sollten auch hier gute Wasserwerte angestrebt werden. Schön farbig bleiben diese Korallen nur bei recht niedrigen Nährstoffwerten. Wenn Sie mehrere plattenförmige Arten der Gattung *Montipora* verwenden möchten, dann können diese gerne recht nahe beieinander gesetzt werden. Sie wachsen dann schön ineinander und es entstehen oft neue Farbmorphen.

Großpolypige Steinkoralle

Oulophyllia crispa

Oulophyllia crispa ist eine sehr dankbare, leider recht selten im Handel zu finden Koralle. Sie ist sehr gut haltbar, braucht nicht viel Licht und ist somit in der mittleren oder unteren Lichtzone anzusiedeln. Sehr gerne nimmt sie Plankton zu sich, das sie nachts mit ihren Polypen aufnimmt. Unser Tipp wäre, etwas Gestein unter die Korallen zu setzen, dann wächst sie gerne über das Material hinaus. Wenn man sie nur in den Sand stellt, dann wird sie eine Insel bleiben. Wir haben schon Tiere mit einer Größe von bis zu 30 Zentimetern zu Gesicht bekommen.

Herkunft:
Indopazifik

Temperatur:
24-27 °C

Futter:
Plankton, Zooxan-thellen/Licht

Herkunft:
Indopazifik

Temperatur:
24-27 °C

Futter:
Staubfutter,
Plankton, Zooxan-
thellen/Licht

Dornkoralle

Gattung *Seriatopora*

Die Gattung *Seriatopora* umfasst folgende Arten: *S. aculeata*, *S. caliendrum*, *S. dentritica*, *S. guttatus*, *S. hystrix*, *S. stellata*. Im Namen der Gattung verbirgt sich das Erkennungsmerkmal dieser kleinpolypigen Steinkorallen. Bei den Seriatoporen sind die Polypen immer in einer Reihe (Serie) angeordnet – wie mit dem Lineal gezogen – dadurch kann man sie immer gut von anderen SPS-Korallen unterscheiden.

Diese Gattung ist hochwachsend und recht leicht zu halten, sie vermehrt sich sehr gut und wird meist bereits als Nachzucht-Koralle angeboten. Dies senkt den Preis und schont auch unsere Korallenriffe. In unserem SPS-Beispielaquarium haben wir ausschließlich Nachzuchten benutzt. Eine Koralle dieser Gattung ist für jeden Einsteiger sehr zu empfehlen.

Herkunft:
Indopazifik

Temperatur:
24-27 °C

Futter:
Staubfutter,
Plankton, Zooxan-
thellen/Licht

Griffelkoralle
Stylophora pistillata

Korallen der Gattung *Stylophora* gehören zu den hoch wachsenden Vertretern, welche sich fingerartig entwickeln. Sie benötigen gutes Licht und können bei mittleren Lichtverhältnissen auch im oberen Riffbereich angebracht werden. Eine kräftige Strömung ist hier kein Problem, diese sollte allerdings nicht direkt auf die Koralle gerichtet sein. Wie bei allen SPS-Korallen sind stabile und saubere Wasserwerte sehr wichtig. Kräftige Farben entwickeln sich in der Regel bei etwas niedrigeren KH-Werten zwischen sieben und acht. Verschiedene *Stylophora* können auch nebeneinander gestellt werden und nesseln nicht untereinander.

Karibische Wellhornschnecke

Nassarius graphiterus

Herkunft:
Karibik, Brasilien

Temperatur:
23-27 °C

Futter:
*Artemia, Mysis,
Krill, Tabs, Algen,
Detritus*

Weitere Mitglieder unserer ‚Cleaning-Crew' sind zwei Wellhornschnecken. Als Resteverwerter ist diese Bodenschnecke wirklich genial und reinigt den Bodengrund, das Riff und auch die Scheiben von Ablagerungen, Futterresten und Algen. Sie hilft also ganz aktiv, das Wasser sauber zu halten. Hauptsächlich hält sie sich im Bodengrund auf und durchgräbt diesen nach Nahrung, sodass nur noch der Rüssel herausschaut. Wenn die Parameter im Becken stimmen, vermehren sich diese Schnecken sehr einfach durch Eiablage an Steinen oder Scheiben.

Orangeroter Einsiedlerkrebs

Clibanarius rutilus

Herkunft:
Sulawesi/Indonesien

Temperatur:
24-27 °C

Futter:
Algen, Flockenfutter, Frostfutter

Ein wirklich sehr guter Algenvernichter, der nicht fehlen sollte, ist dieser klein bleibende Einsiedlerkrebs, von dem fünf Stück in unserem Aquarium wohnen. Er ist relativ leicht zu halten, wenn man ihm genügend Ersatzbehausungen zur Verfügung stellt. Ein weiterer Vorteil dieses kleinen Kerlchens ist, dass er nach dem Verspeisen der Algen auch gerne anderes Ersatzfutter zu sich nimmt. Es ist wichtig, dass man keine Nahrungsspezialisten ins Aquarium setzt, die dann später hungern müssen. Einsiedlerkrebse brauchen sehr viele Versteckmöglichkeiten, dies müssen wir beim Aufbau des Riffs unbedingt beachten.

Turboschnecke
Tectus fenestratus und *Trochus* sp.

Tectus fenestratus

Trochus radiatus.

Auch Turboschnecken gehören zur Putztruppe. Wir haben in dieses Aquarium drei Stück gesetzt. Beim Einsetzen von Schnecken ist es unbedingt notwendig, diese langsam an den Salzgehalt im eigenen Becken anzugleichen.

Beide Arten ernähren sich ausschließlich von Algenbewuchs, fressen permanent und können mit ihrem immer kegelförmigen Gehäuse bis zu fünf Zentimeter groß werden. Es kann vorkommen, dass die Schnecke umkippt und sich von selbst nicht mehr aufrichten kann, dann muss von Hand geholfen werden.

Herkunft:
Indopazifik, Karibik, West-Pazifik

Temperatur: 23-28 °C

Futter: Algen

Regelmäßige Wartungsarbeiten

Jeden zweiten Tag: Spurenelemente dosieren, Osmosewasser auffüllen.

Wöchentlich: Wasserwechsel, Tiere füttern, Scheiben putzen, Abschäumertopf leeren, Schwamm auswaschen.

Alle zwei Wochen: Jod und Strontium zugeben.

Monatlich: Wenn sich alles eingependelt hat, monatlich Wasser testen.

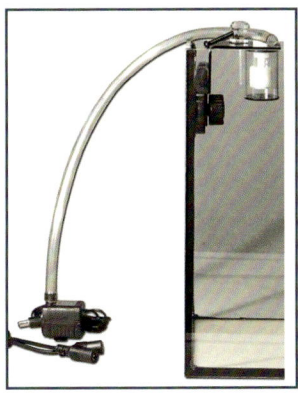

Tipp

Wer Zeit sparen will, kann sein Osmosewasser mit einer Nachfüllautomatik auffüllen lassen. So funktioniert es: Man stellt neben das Aquarium oder unten in den Schrank einen Kanister Osmosewasser, steckt die Nachfüllpumpe mit Schlauch ein, der nach oben ins Aquarium führt, und ein Schwimmschalter regelt, wenn automatisch das verdunstete Wasser aufgefüllt werden muss.

LPS-Steinkorallen-Aquarium, 80 Liter

(Large Polyp Scleractinia = großpolypige Steinkorallen)

Jetzt kommt Bewegung rein

Das 80-Liter-Aquarium komplett mit Technik.

Real-Reef-Rock ist leicht, porös und aus natürlichen Materialien, hergestellt. Es wird in Gewächshäusern kultiviert.

Sand und Gestein machen auch hier den Anfang. Mit Meerwasser befüllt wird etwa eine Woche „eingefahren".

Nachdem wir die Technik installiert haben, Steine platziert und Sand eingefüllt haben, wird mit Meerwasser befüllt. Wir haben netto etwa 70 Liter Meerwasser benötigt. Man kann sein Meerwasser fertig kaufen, aber bei dieser Aquariengröße ist es schon rentabel, es selbst anzusetzen. Denken Sie auch gleich an das Osmosewasser, durch die größere Oberfläche haben wir ungefähr eine Verdunstung von 500 Millilitern pro Tag. Wir bereiten das Osmosewasser mit Mineralsalz auf (50 Gramm Mineralsalz auf 10 Liter Osmosewasser). Das Aquarium lassen wir jetzt etwa eine Woche mit der angeschlossenen Technik laufen. Der Heizer ist auf 25 °C eingestellt, die Lampen leuchten vorerst sechs Stunden am Tag.

Bevor die Korallen gesetzt werden, müssen wir noch die Wasserwerte testen. Unsere Anfangswerte waren alle im Normbereich.

Wasserwerte

Salzdichte 1.024
Nitrat 0-5
Nitrit 0,00
Phos 0,01
KH 7
Magnesium 1420
Calcium 440

Blastomussa merletti wird verklebt.

Arcanthastrea lordhowensis.

Caulastrea furcata und *Pinnigorgia* sp.

So sieht unser Aquarium fertig dekoriert aus.

Nach einer Woche können wir das Aquarium endlich mit Korallen besetzen. Die größeren Korallen wie *Goniopora* oder *Euphyllia* haben wir mit dem Zwei-Komponenten-Kleber fixiert. Kleine Stücke wie die *Acanthastrea* oder *Clavularia* mit Unterwasser-Gelkleber festgeklebt. Die anderen Korallen haben wir gesteckt oder einfach im Riffgestein verankert. Dieses Gestein eignet sich ausgezeichnet, da es schön porös ist und man immer eine gute Stelle für die Ableger findet. Zusätzlich ist die ‚Cleaning-Crew' eingezogen, insgesamt sieben Schnecken und drei Einsiedlerkrebse.

Die Beleuchtungszeit haben wir um zwei Stunden auf jetzt insgesamt acht Stunden erhöht. Einige Tage später wird erneut das Wasser getestet. Durch den Einsatz der Korallen sind nun genügend Verbraucher im Aquarium, deshalb beginnen wir einmal in der Woche mit der Zugabe der Spurenelemente. Da wir am Anfang noch recht hohe Magnesiumwerte hatten, haben wir erst später das Kombipräparat Magnesium-Jod-Konzentrat hinzugegeben.

Die Korallen werden ein- bis zweimal pro Woche mit Staubfutter gefüttert. Ab der dritten oder vierten Woche haben wir im Wechsel etwas Frostfutter oder Tabs beigefügt. Die Einsiedler haben gerne alles gefressen. Die LPS-Korallen haben teilweise auch das Frostfutter aufgenommen.

Nun kommt der Wasserwechsel dran, sieben Liter werden ausgetauscht. Das wird nun regelmäßig alle ein bis zwei Wochen erfolgen.

Nach fünf Wochen war das Aquarium bestens eingefahren, sodass das Garnelenpaar einziehen konnte und sich gleich eine schöne Höhle ausgesucht hat. Wir füttern jeden zweiten Tag etwas Frostfutter oder Tabs für die Garnelen und Einsiedlerkrebse.

Nachträglich haben wir die automatische Wasserstandsregulierung installiert, damit das Wasser regelmäßig aufgefüllt wird. Das hat sich als sehr praktisch erwiesen, da es so zu keinen großen Dichteschwankungen durch die Verdunstung kommt. Das Mineralsalz einfach in den Vorratsbehälter geben und kurz aufrühren. So kommen mit dem verdunsteten Wasser gleich noch entsprechende Mineralien hinzu.

Zur ständigen Pflege gehört ebenfalls das Putzen der Scheiben, das geht mit einem Stabklingenreiniger am einfachsten. Auch der Abschäumertopf wird regelmäßig geleert und gereinigt und der Filterschwamm unter fließendem Wasser ausgewaschen. Nach einigen Monaten sollte die Filterkammer kontrolliert werden, hier setzt sich gerne Dreck am Boden ab, der sich zu unerwünschten Nährstoffdepots entwickelt. Deshalb von Zeit zu Zeit beim Wasserwechsel diese Ablagerungen absaugen.

Besonders schön am LPS-Aquarium sind die meist langpolypigen Korallen (Large Polyp Scleractinia). Dadurch kommt sehr viel Bewegung ins Aquarium, da die Polypen sich mit der Strömung bewegen. Aus diesem Grund sind die LPS-Korallen in der Aquaristik auch besonders beliebt.

Nach zwei Wochen sieht es schon sehr schön bunt aus.

Regelmäßige Wartungsarbeiten

Alle zwei Tage:
Wirbellose füttern

Wöchentlich:
Wasserwechsel, Korallen füttern, Scheiben putzen, Abschäumertopf leeren, Schwamm auswaschen, Vorratsbehälter mit Osmosewasser auffüllen

Monatlich:
Wenn sich alles eingependelt hat, monatlich Wasser testen

Halbjährlich: Filterkammer reinigen

Ein toller Hingucker:
Goniopora lobata.

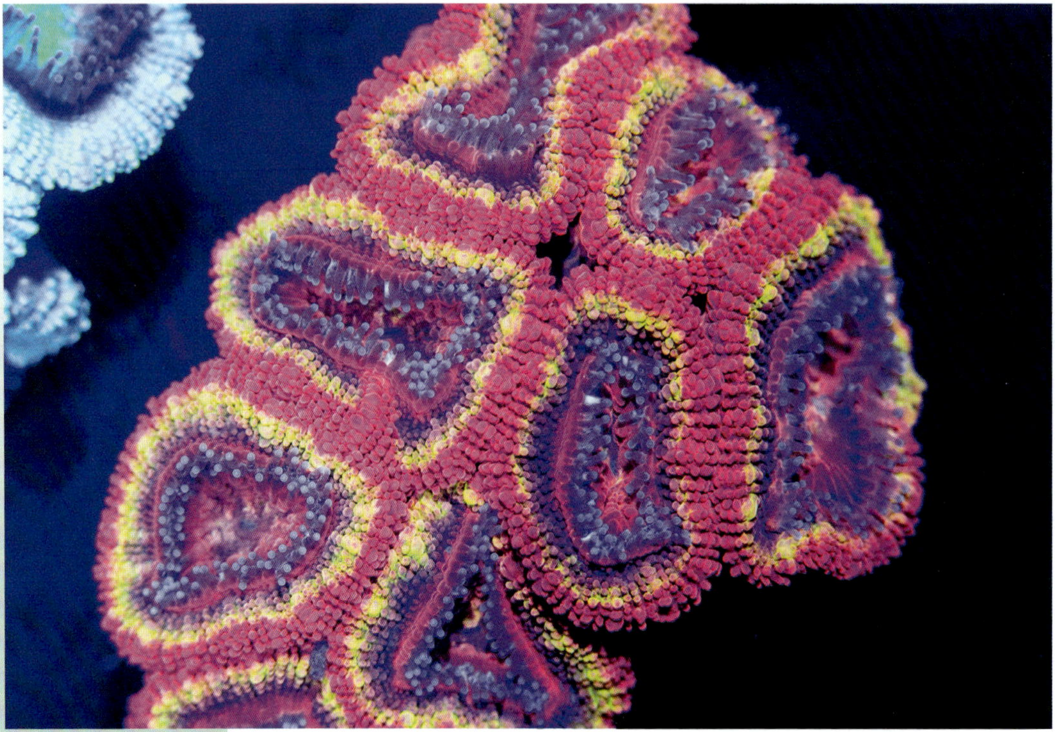

Großpolypige Steinkoralle
Acanthastrea lordhowensis, Acans

Herkunft:
Australien

Temperatur:
24-27 °C

Futter:
LPS-Futter,
Plankton, Zooxan-
thellen/Licht

Sie ist seit einigen Jahren eine sehr beliebte Steinkoralle, da aus Australien toll gefärbte Varianten zu uns kommen. Sie werden wegen der leider sehr hohen Importpreise meist als kleine Ablegerstücke angeboten. Die Koralle ist aber sehr robust und wächst auch gut im Aquarium, wo sich eine regelmäßige Fütterung mit LPS-Futter bewährt hat. Sie sollte nicht direkt im Licht sitzen, sogar leicht schattige Bereiche eignen sich. Empfindlich reagiert sie bei Faden- oder Bohralgen, dann kann schnell das Gewebe degenerieren.

Großpolypige Steinkoralle
Blastomussa merletti

B. merletti gibt es oft als Nachtzuchtkoralle,
da sie gut wächst und nicht so empfindlich bei
den Wasserwerten ist. Lediglich bei KH-Werten unter
7 sollte man sofort Abhilfe schaffen, wie bei den meisten Steinkorallen.
Am besten hält man sie im unteren Bereich des Aquariums, da sie es nicht
zu hell mag und schwächere Strömung bevorzugt. Es gibt sie in vielen
Farbvarianten, in Dunkelrot, Grün, Orange, Pink, Braun und Grau/Weiß.
Ihre Koralliten werden ca. 5 mm groß. Die verwandte Art *B. wellsi* hat Koralliten bis zu 15 mm und lässt sich nicht so gut vermehren

Herkunft:
Indonesien,
Australien,
Philippinen

Temperatur:
24-27 °C

Futter:
Plankton, Zooxan-
thellen/Licht

Herkunft:
Indischer Ozean,
Indopazifik,
Australien

Temperatur:
24-27 °C

Futter:
Zooxanthellen/
Licht, Zooplank-
ton, Phytoplank-
ton

Hammerkoralle

Euphyllia paraancora

und
Großpolypige Steinkoralle

Euphyllia divisa

Diese Korallen sehen sehr eindrucksvoll aus, weil sich ihre Polypen, wenn sie sich wohlfühlen, stark aufplustern. Beide Arten haben gleiche Ansprüche und unterscheiden sich nur in ihrem Aussehen. *E. divisa* hat perlenartige Tentakel und *E. paraancora* hammerförmige. Sie sollte nicht in der direkten Strömung stehen, dann schließt sie ihre Tentakel. Sie benötigt einen festen Standort oder muss gut verklebt werden. Sollte sie nämlich runterfallen, wird das Gewebe geschädigt und kann leicht absterben. Wenn ausreichend gelöste organische Stoffe im Wasser sind, muss nicht extra gefüttert werden.

Flötenkoralle

Caulastrea furcata

Herkunft:
Westpazifik,
Australien,
Indonesien

Temperatur:
24-27 °C

Futter:
Plankton,
Staubfutter,
Zooxanthellen/
Licht

Eine gut zu haltende Steinkoralle, die es oft als Nachzucht zu kaufen gibt. Die Polypen teilen sich und bilden neue Astverbindungen aus. Ihre Farben können variieren von bläulich bis neongrün, in den Unterarten kann sie auch zweifarbig sein. Sie kommt in der Regel in allen Lichtzonen des Aquariums gut zurecht, sollte nur nicht zu stark und direkt in der Strömung stehen.

Plattenkoralle

Fungia sp.

Fungias leben am liebsten auf dem Sand in der Mittellichtzone. Sie brauchen auch Strömung, aber nicht direkt auf das Tier gerichtet. Durch grabende Tiere kann es passieren, dass Sand auf ihr liegt, das mag sie nicht. Sie gehört zu den einfachen LPS-Korallen, die gerne auch Ersatzfutter in Form von Pellets oder Staubfutter annehmen. Interessant ist ihre Vermehrungsstrategie: Wenn eine *Fungia* abstirbt, wachsen oftmals neue *Fungia*-Polypen auf dem toten Korallengewebe, also nicht gleich entfernen.

Herkunft:
Indischer Ozean,
Indopazifik,
Australien,
Rotes Meer

Temperatur:
24-27 °C

Futter:
Zooxanthellen/
Licht, Staubfutter,
Zooplankton,
LPS-Futter

Herkunft:
Indischer Ozean,
Indopazifik,
Japan, Australien,
Rotes Meer

Temperatur:
24-27 °C

Futter:
Zooxanthellen/
Licht, Staubfutter,
Plankton

Mageritenkoralle
Goniopora lobata

Aufgrund ihrer schönen langen Polypen ist es eine beliebte Koralle, besonders in den Farben Pink und Lila. Sie wird oft als Ableger im Handel angeboten. Ihre Polypen haben 24 Tentakel im Gegensatz zu der ähnlich aussehenden *Alveopora*-Koralle, die nur 12 Tentakel besitzt. Etwas aufpassen sollte man, wenn sie ihre Polypen komplett ausfährt, dass sie andere Korallen nicht nesselt. Der beste Standort ist im mittleren bis unteren Bereich des Aquariums.

Was die Nahrung betrifft, ist sie genügsam. Man sollte aber regelmäßig etwas Staubfutter geben, da sie am besten gedeiht, wenn sie etwas aus dem Wasser filtrieren kann.

Röhrenkoralle
Pachyclavularia violacea

Beschreibung:
siehe Beispiel-Aquarium 1, Seite 33

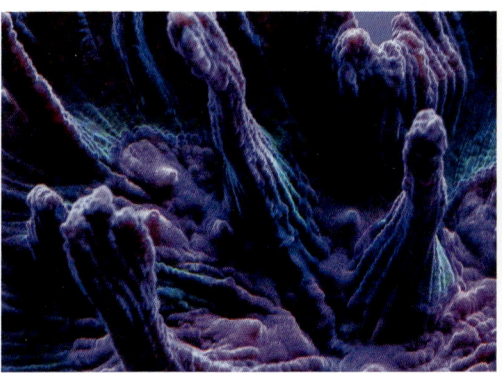

Herkunft:
Indonesien,
Australien,
Philippinen

Temperatur:
24-27 °C

Futter:
Plankton, Zooxan-
thellen/Licht

Kammkoralle *Pectinia alcicornis*

Wegen ihres fleischigen und blättrigen Aussehens ist sie schon lange eine begehrte Koralle im Aquarium. Inzwischen gibt es sie auch häufiger als Nachzucht. Sie sollte einen gut beleuchteten Platz haben und keine direkte Strömung, da sie in der Natur auch nahe der Riffkante lebt und nicht in großen Tiefen. Wenn sie zusätzlich etwas Staubfutter bekommt, wächst sie besser. Man sollte die Kammkoralle mit ein wenig Abstand zu nesselnden Korallen setzen, da sie darauf empfindlich reagiert.

Gorgonie
Pinnigorgia sp.

Sie gehört zu den einfach zu haltenden Gorgonien-Arten und benötigt gute Strömung und viel Licht. Da sie sehr groß werden kann, sollte sie in kleinen Aquarien regelmäßig ausgedünnt werden. Sie sieht auch schöner aus, wenn man die feinen Ausläufe vom Hauptstamm wegschneidet. *Pinnigorgia* nimmt gelöste Substanzen und Plankton aus dem Wasser auf, eine zusätzliche Fütterung ist nicht notwendig.

Herkunft:
Indonesien,
Australien,
Philippinen

Temperatur:
23-28 °C

Futter:
Plankton, Zooxan-
thellen/Licht

Herkunft:
Indischer Ozean,
Indopazifik,
Australien

Temperatur:
24-27 °C

Futter:
Zooxanthellen/
Licht, Staubfutter,
Zooplankton,
LPS-Futter

Wulstkoralle

Trachyphyllia geoffroyi

Die *Trachyphyllia* ist eine großpolypige Steinkoralle mit wulstartigem Gewebe. Besonders schön gefärbte Varianten kommen heute meist aus Australien. Als Jungtier wächst sie fest am Stein, wenn sie groß genug ist, bricht sie durch ihr Gewicht ab und lebt meist auf sandigem Boden weiter. So bekommen wir sie auch im Handel, als loses Tier, das man im Riff platzieren kann, aber auch gerne im Bodenbereich, wenn sie genügend Licht bekommt.

In der Nacht fährt sie meist ihre Tentakel zum Planktonfang aus. Gerne nimmt sie auch Ersatzfutter in Form von Pellets oder Staubfutter an.

Blaubein Scherengarnele

Stenopus cyanoscelis

Herkunft:
Indopazifik,
Philippinen

Temperatur:
24-27 °C

Futter:
Artemia, Krill,
Tabs, *Mysis*,
Muschelfleisch,
Granulat

Schöne kleine Garnelenart, die sich besonders für Nanoriffe gut eignet. Sie lebt sehr versteckt, aber in einem ruhigen Aquarium ohne Fischbesatz ist sie öfter zu sehen. Meist hängen die Tiere an der Riffdecke und werden erst in den Abendstunden aktiv. Vorzugsweise sollte man sie als Paar kaufen, die Weibchen sind größer als die Männchen. Garnelen häuten sich regelmäßig, also keine Panik, wenn man eine Hülle im Aquarium liegen sieht, die Garnele ist nicht tot, sie hat sich nur gehäutet und die Haut kann entfernt werden. Bitte die ansonsten sehr robusten Garnelen vorsichtig eingewöhnen, da sie auf Dichteschwankungen empfindlich reagieren. Wir empfehlen ein Paar für dieses Aquarium.

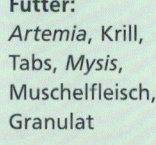

Herkunft:
Indopazifik,
Karibik, Rotes
Meer, Australien

Temperatur:
23-28 °C

Futter:
Algen, *Detritus*,
Cyanobakterien

Nadelschnecke *Cerithium* sp.

Die Cerithiumschnecken sind sehr weit verbreitet und gehören zur Familie der Nadelschnecken, es sind etwa 60 verschiedene Arten bekannt. Sie ernähren sich pflanzlich, meistens pflügen sie durch den Bodengrund, fressen aber auch Algenaufwuchs. Oftmals werden sie bei Problemen mit roten Schmieralgen eingesetzt, die sie im Anfangsstadium sehr gut reduzieren können. Sie legen gallertartige Laichschnüre an Scheiben oder anderen glatten Flächen im Aquarium ab, die aber meist von anderen Tieren gefressen werden. Drei Stück haben wir in das Aquarium gesetzt.

Herkunft:
Karibik, Florida

Temperatur:
23-28 °C

Futter:
Algen, Granulat,
Tabs, Muschel-
fleisch,
Artemia

Blaubein-Einsiedlerkrebs
Clibanarius tricolor

Drei Tiere von diesem schönen, klein bleibenden Einsiedlerkrebs, der sich sehr gut fürs Nanoriff eignet, haben wir ins Aquarium gesetzt. Mit seinen blauen und rot-orangefarbenen Gelenken ist er nicht nur attraktiv, sondern ebenso nützlich. Er frisst fleißig Algen und Reste im Aquarium und sollte zu Beginn der Einfahrphase eingesetzt werden. Er benötigt immer einige Schneckenhäuser in verschiedenen Größen, damit er bei Wachstum und Bedarf wechseln kann. Er nimmt auch gerne jegliches Ersatzfutter an, das man ihm anbietet.

Herkunft:
Karibik,
Australien,
Indonesien,
West-Pazifik

Temperatur:
23-28 °C

Futter:
Algen

Links: *Lithopoma
tectum*
Mitte: *Tectus
fenestratus*

Turbanschnecken
Turboschnecke

Lithopoma tectum
Tectus fenestratus
Turbo brunneus

Die Gehäuseschnecken sind sehr nützliche Algenfresser, die das Riff sauber halten von Algenaufwuchs. Man setzt sie bereits in der Einfahrphase als Putzkolonne in das Aquarium. Sie sind ausdauernde und nützliche Pfleglinge, die sich auch schon oft im Aquarium vermehrt haben. Etwa eine Schnecke auf 10 l Wasser sind als Besatz ausreichend, wir haben vier Stück im Aquarium. Sollte eine Schnecke mal auf dem Kopf liegen oder in einer Koralle feststecken, bitte nachhelfen und aufrichten.

Turbo brunneus

Beleuchtung

Geringer Stromver-
brauch, hohe Licht-
ausbeute und Lang-
lebigkeit machen
die LED-Beleuchtung
immer interessanter.

Die richtige Beleuchtung ist in Riffaquarien von herausragender Bedeu-
tung, da die meisten Korallen ihren Nährstoffhaushalt über Zooxanthellen
regeln, die wiederum Fotosynthese betreiben, um diese Nährstoffe erzeugen zu können. Wir beleuchten also eigentlich nicht unsere Korallen, sondern deren Symbiosealgen.

Eine bewährte Form ist die T5-Röhrenbeleuchtung, die in verschiedenen
Farbtönen angeboten wird. Welche es sein sollen, muss man für sich selbst
und für seine Tiere entscheiden. Man darf aber natürlich nicht nur blaue
Röhren benutzen, um eine möglichst große Fluoreszenz zu bekommen, da
dies schnell bei Korallen zu Strahlungsstress führen kann. Eine Standard-
kombination wäre Blau und Weiß gemischt im Verhältnis 1:1. Ein großer
Vorteil dieser Beleuchtung ist das so entstandene diffuse Licht, welches
die Röhren in alle Richtungen ausstrahlen. Reflektoren helfen darüber hinaus, das ansonsten ungenutzte Licht, das nach oben oder zur Seite strahlen würde, wieder zurück ins Becken zu lenken. In den heutigen Lampen
sind die Reflektoren bereits integriert. Ein Nachteil der T5-Röhren ist, dass
man sie alle neun bis zehn Monate ersetzen sollte, da Leistung und Farbe
nachlassen.

Die LED-Technik hat in den letzten Jahren große Fortschritte gemacht und ist dabei, die Röhrenbeleuchtung zu überholen. Der geringe Stromverbrauch, die hohe Lichtausbeute und der Wegfall des Wechselns der Leuchtmittel machen sie für Aquarianer sehr interessant. Mittlerweile werden sehr effiziente LED-Lampen angeboten, die ein hervorragendes Licht abgeben. Diese sind oft mit vielen technischen Features ausgestattet wie stufenlose Dimmung, individuell programmierbare Tagesverläufe und Einstellung der Farben, je nach Bedarf auf dem Computer oder Mobilgeräten. Nachteil der LED-Lampen ist, dass sie sehr punktuell nach unten strahlen, sodass die Korallen hauptsächlich von oben beleuchtet werden und relativ wenig Licht an die Seiten gelangt. Dadurch könnte es in den abgeschatteten Bereichen zu Ausbleichungen kommen. Dies wird mit einer flächigen Ausleuchtung durch mehr LEDs erreicht. Oder mit Linsen in den LEDs werden verschiedene Abstrahlwinkel erreicht. Leider sind die Anschaffungskosten bei LEDs auch meist höher. Wir stellen Ihnen hier effiziente LED-Lampen ohne technische Spielereien und mit einem günstigen Anschaffungspreis vor. Nach Belieben kann man diese noch aufrüsten oder weitere Module dazu anschaffen. Als Faustregel gilt pro Liter: bei T5 etwa ein Watt, bei LED schwankt es etwa zwischen 0,4 und 0,7 Watt. Aufgrund der teilweise hohen Effizienz einiger LED-Lampen rückt der Wert etwas in den Hintergrund. Die Markenhersteller geben meist auch genaue Werte für die richtige Beleuchtung ihres Aquariums an.

Die Beleuchtungsdauer sollte inklusive aller Dimmphasen nicht länger als zwölf Stunden betragen. Sonnenauf- und -untergang je eine Stunde und die Hauptbeleuchtungszeit max. zehn Stunden sind ideal für das Riffaquarium.

Pumpe

Strömungspumpe.

Mit einer Pumpe erzeugt man Strömung, was besonders wichtig ist, da so Nährstoffe zu den Korallen gebracht werden, Abfallstoffe abtransportiert werden und Ablagerungen entfernt werden. Es gibt Pumpen mit manueller Regelung, mit digitaler Steuerung inklusive Lichtdiode zur Absenkung der Strömung in der Nacht, mit Steuerung über WLAN und Pumpen, die nicht regelbar sind. Welche am besten geeignet ist, hängt von Größe, Aufbau und Form des Aquariums sowie der gehaltenen Tiere ab. Empfehlenswert ist mindestens eine Umwälzung des zehnfachen Beckenvolumens bei Aquarien mit Weichkorallen. Bei einem Becken mit SPS-Steinkorallen hingegen kommt es bis zur 30-fachen Umwälzung des Beckenvolumens. Oft wird man aber einen Kompromiss finden müssen, weil die meisten Becken Mischbecken sind, die sowohl SPS, LPS, Anemonen und Weichkorallen enthalten. Wichtig ist, dass Aufbau und Strömung so eingerichtet werden, dass es keine toten Zonen gibt, die von der Strömung nicht erreicht werden und wo sich der Dreck ansammelt. Bei größeren Aquarien empfiehlt es sich, mindestens zwei Pumpen zu verwenden, um eine abwechslungsreiche Strömung zu erzeugen.

Abschäumer

Bevor sich organische Abfallstoffe, wie beispielsweise Eiweiße, im Aquarienwasser zu zersetzen beginnen, müssen sie entfernt werden. Hierbei hilft der Abschäumer, der ständig kleine Luftbläschen erzeugt, die nach oben steigen, und der aufgrund der Adhäsion bevorzugt Protein-Abbauprodukte aus dem Wasser entfernt. Zudem sorgt er für den nötigen Gasaustausch. Wir un-

terscheiden luft- und pumpenbetriebene Abschäumer. Diese sind als Innen- und Außenfilter sowie als ,Hang-on'-Abschäumer im Handel. Welcher der richtige ist, hängt ab von der Aquariengröße, den örtlichen Gegebenheiten und ob ein separates Technikaquarium oder -abteil vorhanden ist.

Möchte man in seinem Aquarium viele Fische halten, sollte der Abschäumer gut dimensioniert sein, da dann mehr Abfallstoffe durch Fütterung und Fischausscheidungen anfallen. Bei kleinen Nanoriffen ist es auch möglich, das Aquarium ohne Abschäumer zu betreiben, dann sollten aber keine Fische und keine Korallen, die empfindlich auf erhöhte Nährstoffproduktion reagieren (z.B. SPS-Korallen) gehalten werden. Wie das funktioniert, zeigen wir hier am Beispielaquarium mit Weichkorallen.

Jeder Hersteller von Abschäumern gibt eine Größenempfehlung für das Aquarium an. Unbedingt sollten wir auf eine einfache Reinigung, gute Einstellbarkeit von Luft- und Wassermenge und die Laufruhe achten, hier gibt es bei den Modellen im Handel die größten Unterschiede.

Selbst wenn wir einen Abschäumer betreiben, kann es durch Futter, Ausscheidungen oder grabende Tiere zu vermehrten Schwebeteilchen oder ei-

Aquarien mit überwiegend Weichkorallenbesatz können auch ohne Abschäumer betrieben werden.

ner Überproduktion von Nährstoffen (z.B. Phosphat) kommen. Hier kann mit Watte, Adsorber oder Aktivkohle gearbeitet werden, um solche Stoffe auszufiltern. Das Material wird in einem Nylonsäckchen im Technikabteil untergebracht. Der Durchfluss des Wassers drückt sich durch das Material und entfernt so die unerwünschten Stoffe. Da die Aktivkohle aber auch wichtige Substanzen wie Spurenelemente aus dem Wasser entfernt, sollte man den Einsatz auf höchstens drei bis sieben Tage beschränken. Im selben Rhythmus sollte auch die Filterwatte gewechselt werden.

Bei Filterschwämmen ist es wichtig, sie regelmäßig auszuwaschen. Gerade bei der Neueinrichtung eines Riffaquariums vermehren sich die Mikroalgen und sterben auch in größerer Menge nach der Einfahrphase wieder ab, dann sollten die Filterschwämme ruhig zweimal wöchentlich ausgewaschen werden, damit das Wasser nicht unnötig belastet wird.

Heizung/Kühlung

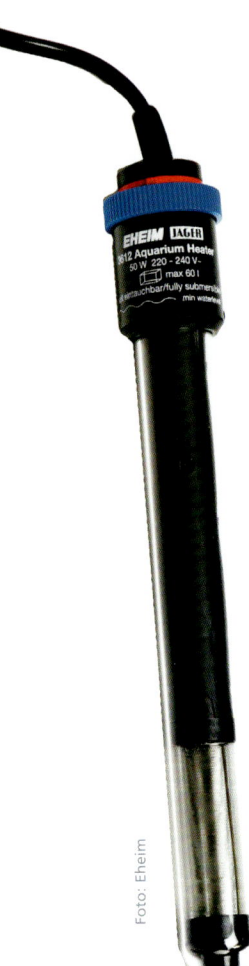

Da es sich um tropische Tiere handelt, sollten sie optimal zwischen 24 und 26 °C gehalten werden. Hier haben sich Stabheizer bewährt, die mit einem internen Regelsystem ausgestattet sind. Pflegt man wandernde Tiere wie Symbioseanemonen oder Seesterne, sollte man den Heizstab zusätzlich sichern, da die Tiere kein Hitzeempfinden haben und bei Berührung Verbrennungen erleiden könnten. Man steckt den Heizstab einfach in ein Kunststoffrohr mit mindestens einem Zentimeter Abstand und versieht das Rohr mit mehreren Löchern.

Kontrollieren Sie stets die Temperatur mit einem guten Tauch- oder Digitalthermometer, da ein Unterkühlen oder Überhitzen fatale Folgen haben kann. Steigt die Temperatur im Sommer über 27 °C, sollte gekühlt werden. An einem besonders heißen Tag kann man sich behelfen, indem man das Licht für einen Tag ausschaltet, das schadet den Tieren nicht und reduziert die Temperatur bereits um ein bis zwei Grad. Hält die Hitze länger an, empfiehlt sich zusätzlich ein Aquarienlüfter, den man einfach an die Scheibe hängt.

Wasser

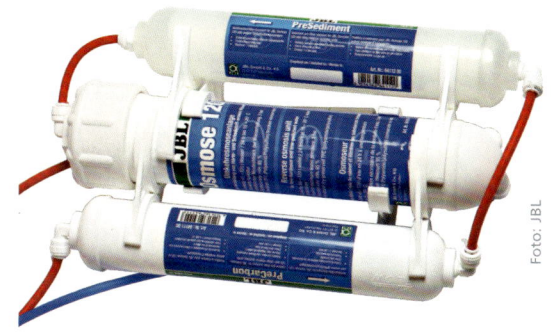

Foto: JBL

Wasser ist der Lebensraum unserer Pfleglinge
und sollte unbedingt ihren Ansprüchen genü-
gen. Man verwendet ausschließlich aufberei-
tetes Wasser, Leitungswasser ist ungeeignet.
Die meist angewendete Methode der Aufbereitung ist die Verwendung
einer Osmoseanlage. Eine Umkehrosmoseanlage wird direkt am Wasser-
anschluss installiert und entfernt Schadstoffe und Mineralien über Mem-
branen aus dem Leitungswasser. Bei sehr hohen Silikatwerten muss gegebenenfalls ein zusätzlicher Silikatfilter verwendet werden.

Ist uns die Anschaffung einer Osmoseanlage zu kostspielig, kann des-
tilliertes Wasser benutzt werden, das man in Bau- oder Supermärkten bekommt. Dieses muss aber für aquaristische Zwecke geeignet sein und einen Hinweis auf dem Behälter besitzen, dass keine unerwünschten Stoffe
im Wasser enthalten sind. Gute Meerwasserhändler bieten auch Osmosewasser oder fertiges Meerwasser für ihre Kunden an.

Salzwasser herstellen:

Zum Ansetzen des Meerwassers verwendet man am besten einen PE-
Kunststoffeimer oder ein Kunststofffass. Das Gefäß wird mit gereinigtem
Leitungswasser (Osmosewasser) befüllt und mit einem Stabheizer auf
25 °C erhitzt. Bei dieser Temperatur löst sich das Salz am besten
auf. Für die Zirkulation kann man noch eine kleine Pumpe an-
schließen. Das Salz wiegt man mit einer Küchenwaa-
ge ab und schüttet es unter Rühren ins Wasser.
Kontrollieren Sie nach dem Ansetzen die
Salzdichte. Wird ein Refraktometer

Foto: Rowa

verwendet, liegt der optimale Bereich bei 35 Promille, nutzen Sie ein Aräometer 1.023-1.025. Ein Aräometer ist günstiger in der Anschaffung, aber oftmals auch nicht genau genug, da in der Spindel ein kleines Papierröllchen steckt, wo der Wert abgelesen wird. Dies kann verrutschen und nicht geeicht werden wie ein Refraktometer. Ist das Wasser völlig klar, kann es zur Neueinrichtung verwendet werden. Beim späteren Wasserwechsel sollte es mindestens einen Tag vorher angesetzt sein, bevor es mit lebenden Organismen in Kontakt kommt. Fertig angemischtes Meerwasser kann im Kanister an einem kühlen und dunklen Ort gelagert werden. Es gibt sehr viele Meersalzsorten auf dem Markt, achten Sie beim Kauf auf bekannte Markenprodukte, damit können Sie nichts falsch machen.

TiPP

Im angesetzten Meerwasser kann es unter Umständen zu Kalkausfällungen kommen. Geben Sie einfach einen Schluck stark kohlensäurehaltiges Mineralwasser hinzu. Das löst die Ausfällungen wieder.

Krankheiten und Plagen

Ein wenig können wir vorbeugen, damit wir uns nicht bereits mit dem Kauf neuer Wirbelloser Krankheiten ins Aquarium holen. Viele Händler tauchen ihre Korallen gleich nach Ankunft in ein Reinigungsbad. Leider tun das aber nicht alle, sodass wir sicherheitshalber selbst unsere Schützlinge in einem Korallen-Reinigungsbad von möglichen ungebetenen Gästen befreien. Damit können wir eine Lösung erstellen, in der wir unsere Korallen vor dem Einsetzen in unser Aquarium noch einmal baden.

Glasrosen gehören zu den häufigsten Plagen im Meerwasser-Aquarium.

Glasrose *Aiptasia*

Glasrosen (sie heißen so wegen ihrer glasartigen Tentakel) gehören zur Gattung der Anemonen und sind eine der häufigsten Plagen in unseren Meerwasseraquarien. Sie kommen in allen Weltmeeren vor und gelangen durch den Kauf von Ablegern zu uns.

Glasrosen vermehren sich recht schnell. Sie können von ihrem Fuß aus Ableger abschnüren, welche sich dann über die Strömung im Aquarium verteilen. Bei mechanischer Verletzung werfen sie auch Sporen ab. Ebenso wandern sie aber auch an jede Stelle im Aquarium. Durch ihre Nesselgifte vertreiben oder schädigen sie die Korallen in ihrer Umgebung. Bei einer immer größer werdenden Population kommt es auch zu freischwebenden Nesselgiften, die dann eine Bedrohung für alle anderen Korallen werden.

Foto: Julian Sprung

Foto: Chris Lukhaup

Biologische Gegenmaßnahmen:

Wir können dauerhaft Fressfeinde ins Aquarium setzen. Sie sollten aber nicht gut gefüttert werden, denn unseren biologischen Helfern schmeckt das Futter meist besser als die Glasrosen.

Sehr gute Erfahrungen haben wir mit der Glasrosenfressenden Nacktschnecke *Berghia stephanieae* gemacht, die mittlerweile durch erfolgreiche Nachzucht häufiger im Handel zu finden und ebenso wie Wurdemanns Garnele, *Lysmata wurdemanni*, auch gut in kleineren Aquarien zu verwenden ist.

Mechanische Entfernung:

Viele Möglichkeiten werden propagiert: Absaugen, Spritzen mit Säure oder heißem Wasser. Unserer Meinung nach schafft keine wirklich dauerhafte Abhilfe. Außerdem können die Glasrosen dadurch so beschädigt werden, dass sie noch schnell Sporen abwerfen und das Ganze beginnt von Neuem.

Wir empfehlen, die Glasrosen samt Substrat, also Lebendgestein, abzutrennen und beides aus dem Aquarium zu entfernen. Eine andere Möglichkeit ist es, einen sehr groben Filterschwamm über die Glasrose zu legen. Sie bekommt weniger Licht und wird versuchen, durch den Schwamm zum Licht zu gelangen. Wenn sie dann im Filterschwamm steckt, lässt sich dieser samt Glasrose sehr gut aus dem Aquarium nehmen. Wir halten dies für die effektivste Methode. Niemals sollte eine Glasrose verletzt werden, sie bildet ganz schnell ungefähr fünf neue.

Ganz wichtig ist es, gleich nach dem Kauf einer Koralle zu kontrollieren, ob ein Exemplar eingeschleppt wurde und zügig zu handeln.

Links:
Berghia stephanieae.

Rechts:
Lysmata wurdemanni.

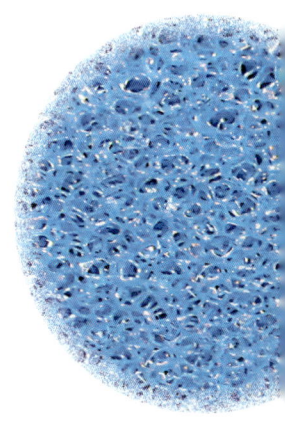

Krustenanemonenfressende Nacktschnecke

Aeolidiella stephanieae

Hier handelt es sich um eine Nacktschnecke, die leider auch oft zu einer Plage werden kann und recht schnell komplette Kolonien der schönen Krustenanemonen (Zoanthus) verspeist.

Diese Schnecken holen wir uns meist durch den Kauf von Krustenanemonen in unsere Aquarien. Hier sitzen entweder adulte Tiere in den Krusten oder die Eier dieser Schnecken. Da diese Tiere nicht sehr lange leben, sorgen sie recht zügig für Nachwuchs, den sie als Eier in der Nähe der Krustenanemonen ablegen.

Als Erstes fällt uns meist auf, dass sich die Krustenanemonen nicht mehr öffnen, weil die Schnecken hineinkriechen und sie von innen zerfressen. Dadurch können diese Tiere recht schnell große Kolonien komplett auslöschen. Das Entfernen der Tiere mit einer Pinzette bringt kaum etwas, weil man immer nur die großen adulten Tiere fangen kann. Der Nachwuchs steht schon bereit – eine Kette ohne Ende.

Hier hilft nur ein Reinigungsbad, mit dem wir gute Erfahrungen gemacht haben. Die Steine sollten mindestens zweimal gespült werden und der Vorgang alle zwei Tage wiederholt werden, bis auch die frisch geschlüpften Tiere beseitigt sind, denn die Eier werden damit nicht vernichtet.

Kugelalge

Dictyosphaeria sp.

Diese Kugelalge wird oft durch Lebendgestein oder auf Ablegersteinen ins Aquarium eingeschleppt. Ein hoher Nitratwert sollte vermieden werden, weil diese Alge dann noch stärker wächst. Natürliche Fressfeinde gibt es hier nur sehr wenige, und besonders im Nanobereich werden wir nichts einsetzen können.

Hier sollte man rechtzeitig eingreifen und die Algen mit der Hand oder Pinzette entfernen, um die Population klein zu halten. Das Platzen der Algen muss vermieden werden, denn wenn diese Kugeln aufplatzen, geben sie Sporen ab, aus denen sehr schnell neue Kugelalgen entstehen. Sie lassen sich aber recht gut lösen, wenn wir sie leicht mit der Pinzette greifen, ein wenig rütteln und dann vom Gestein abnehmen.

Mithraculas sculptus, die Grüne Spinnenkrabbe frisst gerne Kugelalgen.

Kieselalgen sind die
Hauptnahrung von
Strudelwürmern.

Strudelwürmer, Tubellarien

Convolutriloba retrogemma

Sie gehören zur Klasse der Plattwürmer und vermehren sich asexuell durch
Querteilung, wobei ein Teilstück des Körpers abgetrennt wird und ein zwei-
tes Exemplar entsteht. Dieses besitzt anfangs noch keine Mundöffnung
und ernährt sich von vorab eingelagerten Algen des Muttertiers. Sie teilen sich in der Regel alle drei bis fünf Tage und werden schnell zur Plage.

Da sie sich in erste Linie von Kieselalgen ernähren, sollten das Silikat und
das Ausgangswasser geprüft werden. Hier muss gegebenenfalls ein Silikatfilter nach der Osmoseanlage geschaltet werden.

Ein Süßwasserbad kann bei akutem Befall zusätzlich Abhilfe schaffen: Wir
nehmen die Koralle aus dem Wasser und schwenken sie drei bis fünf Sekunden im Süßwasser. Die Turbellarien platzen auf und fallen ab. Falls
die Koralle nicht entnommen werden kann, wird eine Pumpflasche mit
Schlauch mit Süßwasser befüllt und die befallenen Stellen und Tiere werden besprüht. Gleicher Effekt wie beim Bad, allerdings nicht so gründlich.

Eine andere Möglichkeit ist die Lichtfalle: Plattwürmer leben mit Symbiosealgen in einer Gemeinschaft und benötigen also Licht. Man dunkelt das Aquarium hundertprozentig ab, schaltet die Strömung aus und beleuchtet nur einen Spot im Becken. Relativ bald werden sich dort die Tiere versammeln. Um eine leichte Entnahme zu gewährleisten, kann an diesem Stück des Bodens ein flacher Teller eben positioniert werden. Dieser kann dann abgesaugt oder auch komplett entnommen werden.

Als Fressfeind kann in der Nanoaquaristik nur *Chelidonura varians*, die Veränderliche Kopfschildschnecke, eingesetzt werden, da beispielsweise Lippfische nicht für kleinere Becken geeignet sind. Hier muss die Strömungspumpe vernünftig gesichert werden, diese Schnecke nutzt zur schnelleren Fortbewegung gerne die Strömung. Sie ernährt sich ausschließlich von roten Turbellarien, sodass sie verhungern wird, wenn das Nahrungsangebot erschöpft ist. Vorher sollte das Tier an den nächsten, von Turbellarien geplagten Aquarianer weitergegeben werden. Wie bei allen Schneckenarten muss auch hier vor dem Einsetzen ein Angleichen an den Salzgehalt stattfinden.

Achtung

Diese Schnecke ist wegen der eingelagerten Toxine in den Turbellarien giftig und sollte nicht ohne Handschuhe angefasst werden!

Chelidonura varians mit Tubellarien *Convolutriloba retrogemma* im Aquarium.

Register

Beispiel 1, S. 24

ADA Cube Garden Mini M	89,90 €
Dennerle Trocal LED 16 W	149,00 €
AQAMAI Strömungspumpe	119,00 €
NEWA Heizer Therm mini 20 W	24,90 €
DC-Fix Folie Rückwand sw	5,00 €
Rock Zolid Marine Stein Nr. 010	29,00 €
1 kg Preis Bora Bora Sand (3 kg Packung)	13,50 €
2 kg Meersalz	14,90 €
Osmosewasser pro Liter ca.	0,25-0,40 €
Zeitschaltuhr ca.	2,00-5,00 €
Giesemann-Wassertests (*)	83,50 €
Preis-Refraktometer	72,50 €
Spurenelemente (Coral-Farm-Elements)	15,90 €
Korallenkleber (Easy-Glue-Underwater)	16,30 €
Staubfutter für Korallen (Coral-Energizer)	16,20 €
Tunze-Magnetreiniger	10,00 €
Juwel-Digital-Thermometer 2.0	9,90 €
Silicarbon aquaconnect	14,95 €

(*) KH, Ca, Mg, pH, Nitrit, Nitrat
(Preise sind unverb. empf. Preise)

Darüber hinaus benötigen wir einen Wasserschlauch, einen Kanister für das Osmosewasser und ein Sieb zum Spülen des Frostfutters.

Beispiel 2, S. 40

Betta Aquarium compact Marine 30	136,90 €
Aqua Medic Cube 50 LED	133,90 €
Aqua Medic Cube Control	53,90 €
EHEIM Nano Skim	49,00 €
EHEIM Air pump 100	29,95 €
EHEIM compact 600	27,99 €
Newa Therm Mini NWO 20 W	21,00 €
2 kg leichtes lebendes Riffgestein	30,00 €
2 kg Preis Bora Bora Sand (3 kg Packung)	13,50 €
3,5 kg Meersalz	21,50 €
Osmosewasser pro Liter ca.	0,25-0,40 €
Zeitschaltuhr ca.	2,00-5,00 €
Giesemann-Wassertests (*)	83,50 €
Preis-Refraktometer	72,50 €
Spurenelemente (Coral-Farm-Elements)	15,90 €
Korallenkleber (Easy-Glue-Underwater)	16,30 €
Garnelentabs Optimix	9,80 €
Staubfutter Coral-V-Power	13,90 €
Magnetreiniger Tunze-Care Magnet-Nano	17,10 €
Juwel Digitalthermometer 2.0	9,90 €

(*) KH, Ca, Mg, pH, Nitrit, Nitrat),
(Preise sind unverb. empf. Preise)

Darüber hinaus benötigen wir einen Wasserschlauch, einen Kanister für das Osmosewasser und ein Sieb zum Spülen des Frostfutters.

Beispiel 3, S. 56

Betta Aquarium Compact marine 40	225,90 €
2 LED Lampen Mitras Light Bar	279,80 €
GHL Mitras Netzgerät	49,90 €
GHL Mitra LB Splitter	49,90 €
Tunze nanostream 6020	37,50 €
Tunze Comline Doc Skimmer 9001	101,00 €
Heizer Juwel AquaHeat 100 W	27,00 €
5kg Real Reef Rocks kg/13,50 €	67,50 €
3 kg Preis Bora Bora Sand	13,50 €
4 kg Meersalz	24,90 €
Osmosewasser pro Liter ca.	0,25 bis 0,40 €
1 kg Preis-Mineralsalz-Aufbereitung	27,30 €
2 Zeitschaltuhren	4,00-10,00 €
Giesemann-Wassertests (*)	83,50 €
Preis Refraktometer	72,50 €
Korallenkleber (Easy-Glue-Underwater)	16,30 €
Korallenkleber (Easy Glue purple) 2 x 100 g	25,80 €
Preis Mineral Komplex S 250ml	2,90 €
Preis Magnesium Jod Konzentrat 250 ml	12,90 €
Garnelentabs Preis-Optimix	9,80 €
Rebie Stabklingenreiniger aqua handy 300	9,90 €
Staubfutter Coral V-Power	13,90 €
Frostfutter Artemia	3,00 €
Juwel Digital Thermometer 2.0	9,90 €
Nano Water Controller	59,00 €

(*) KH, Ca, Mg, pH, Nitrit, Nitrat)
(Preise sind unverb. empf. Preise)

Darüber hinaus benötigen wir einen Wasserschlauch, einen Kanister für das Osmosewasser und ein Sieb zum Spülen des Frostfutters. Wer über die Anschaffung einer Osmoseanlage nachdenkt, muss etwa 50 bis 80 Euro ausgeben. Standardgeräte schaffen etwa 120 Liter Reinwasser in 24 Stunden.

Daniel Knop

Riffaquaristik für Einsteiger

Preiswerte Technik – pflegeleichte Tiere

Daniel Knop zeigt in seinem Standwerk zur Meerwasseraquaristik, wie man mit geringem technischem Aufwand und wenig Vorkenntnissen ein faszinierendes und
preiswertes Riffaquarium einrichtet.

Pflegeleichte Korallen und Fische, die für den Einsteiger
besonders geeignet sind, werden vorgeschlagen. Zum
Kauf von technischem Zubehör gibt es kompetente Rat-
schläge und die Einrichtung des Aquariums wird Schritt
für Schritt erklärt. Das Praxishandbuch für Einsteiger
und Fortgeschrittene.

328 Seiten, 650 Farbfotos, geb.
ISBN 978-3-944821-19-1